Daniele Gasparri

La mia prima guida del cielo

Copyright © 2012 Daniele Gasparri

ISBN 978-1-291-13493-3

Questa opera è protetta dalla legge sul diritto d'autore. Tutti i diritti, in particolare quelli relativi alla ristampa, traduzione, all'uso di figure e tabelle, alla citazione orale, alla trasmissione radiofonica o televisiva, alla riproduzione su microfilm o in database, alla diversa riproduzione in qualsiasi altra forma, cartacea o elettronica, rimangono riservati anche nel caso di utilizzo parziale. La riproduzione di questa opera, o di parte di essa, è ammessa nei limiti stabiliti dalla legge sul diritto d'autore. Illustrazioni ed immagini rimangono proprietà esclusiva dei rispettivi autori. E' vietato modificare il testo in ogni sua forma senza l'esplicito consenso dell'autore.

Prefazione

Questo ebook contiene la lista di tutte le costellazioni visibili dall'emisfero boreale alle medie latitudini, adatto per tutte le località italiane.
La lista comprende 58 costellazioni, ognuna accompagnata da una breve descrizione mitologica e dall'elenco degli oggetti del cielo profondo più belli e facili da osservare.
La scelta di distribuire il volume in formato ebook, piuttosto che cartaceo, è conseguenza della struttura stessa del manuale.
L'appassionato del cielo, infatti, potrà autonomamente decidere di stampare, nel formato desiderato, le mappe celesti di cui avrà bisogno durante la sua serata osservativa, oppure la descrizione degli oggetti visibili durante la stagione.
La possibilità quindi di personalizzare la stampa, di poter scegliere cosa portarsi dietro ed in quale formato, rende questo ebook una soluzione alternativa al classico, ingombrante e a volte costoso atlante cartaceo ed i software di simulazione del cielo che richiedono la presenza costante di un dispositivo digitale dallo schermo di generose dimensioni, nonché esperienza e pazienza nel creare la mappa secondo le proprie esigenze osservative (non troppo chiare se si è agli inizi). Questo atlante è dedicato a tutti gli appassionati che vogliono iniziare nel modo più semplice l'osservazione del cielo. I 150 oggetti elencati vi accompagneranno in un viaggio meraviglioso nel nostro incredibile Universo.

Le mappe contengono stelle fino alla magnitudine 7, quindi accessibili già a piccoli binocoli e presentano colorazioni invertite, con il fondo cielo bianco, per agevolare la consultazione durante le osservazioni telescopiche. E' importante che le consultiate aiutandovi con una leggera luce di colore rosso; questo accorgimento preserverà l'adattamento al buio del vostro occhio, fondamentale durante le osservazioni telescopiche degli oggetti deboli.
Per aiutarvi nell'osservazione, nelle mappe sono mostrati tutti gli oggetti più brillanti della magnitudine 11, alcuni corredati da disegni o simulazioni di come dovrebbero apparire al telescopio.

Non tutti sono accompagnati dai disegni, per un motivo semplice: parte dell'emozione dell'osservazione telescopica consiste nello scoprire con le proprie forze la natura, l'estensione e i dettagli degli oggetti che si osservano al telescopio. Inizialmente farete un po' di fatica a muovervi con precisione tra le stelle, ma presto, dopo la necessaria esperienza, sarete in grado di puntare un oggetto totalmente invisibile ad occhio nudo in pochi istanti.

Qualche nota per leggere correttamente le mappe:
- le costellazioni sono orientate in modo che il polo nord celeste si trovi nella parte della legenda. Ricordate che il polo nord celeste è in alto solo quando l'astro è in meridiano.
- La diversa dimensione delle stelle cerca di dare un'idea della magnitudine.
- La legenda per gli oggetti diffusi, da sinistra a destra, è la seguente: Gx = galassie, Oc = ammassi aperti, Gc = ammassi globulari, Pl = nebulose planetarie, Neb = nebulose, N+CDrk = nebulose brillanti e oscure.
- Gli oggetti diffusi sono contraddistinti da un disco più chiaro di quello delle stelle; immediatamente a destra si trova il numero di catalogo e la magnitudine.
- I cataloghi utilizzati sono il Messier e l'NGC. Gli oggetti del catalogo di Messier sono contrassegnati dalla lettera M seguita da un numero da 1 a 110, mentre gli NGC, per comodità, solo dal numero di catalogo.

Non mi resta che augurarvi buone osservazioni e, soprattutto, buon divertimento!

Daniele Gasparri, Febbraio 2012

Alfabeto greco

minuscola	maiuscola	nome	suono corrispondente
α	A	alfa	a
β	B	beta	b
γ	Γ	gamma	g
δ	Δ	delta	d
ϵ, ε	E	epsilon	$\breve{e}$ (e breve)
ζ	Z	zeta	z
η	N	eta	$\bar{e}$ (e lunga)
θ, ϑ	Θ	theta	th inglese
ι	I	iota	i
κ	K	cappa	k
λ	Λ	lambda	l
μ	M	mi	m
ν	V	ni	n
ξ	Ξ	xi	x
φ, ϕ	Φ	fi	f
o	O	omicron	$\breve{o}$ (o breve)
π, ϖ	Π	pi (pi greco)	p
ρ, ϱ	P	ro	r
σ, ς	Σ	sigma	s
τ	T	tau	t
υ	U	üpsilon	u francese
χ	X	chi	ch tedesco
ψ	Ψ	psi	ps
ω	Ω	omega	$\bar{o}$ (o lunga)[1]

Indice

La classificazione delle stelle..................1
La classificazione degli oggetti diffusi..............3
Andromeda...................................6
Acquarius – Acquario........................9
Aquila – Aquila...............................12
Aries – Ariete.................................14
Auriga – Cocchiere...........................16
Bootes – Pastore..............................18
Camelopardalis – Giraffa.....................20
Cancer – Cancro..............................22
Canes Venatici – Cani da caccia.....................24
Canis Major – Cane maggiore......................27
Canis minor – Cane minore.......................29
Capricornus – Capricorno....................31
Cassiopeia – Cassiopea 33
Cepheus – Cefeo..............................36
Cetus – Balena................................39
Coma Berenices – Chioma di Berenice..........41
Corona Borealis – Corona boreale................44
Corvus et Crater – Corvo e Coppa................46
Cygnus – Cigno..............................49
Delphinus – Delfino.........................53
Draco – Drago...............................55
 Equuleus – Cavallino........................57
Eridanus – Eridano..........................59

Gemini – Gemelli..61
Hercules – Ercole...63
Hydra – Idra..66
Lacerta – Lucertola..69
Leo e Leo Minor – Leone e leone minore........71
Lepus – Lepre..75
Libra – Bilancia...77
Lynx – Lince..79
Lyra – Lira...81
Monoceros – Unicorno.......................................84
Ophiucus – Serpentario......................................86
Orion – Orione 89
Pegasus – Pegaso...94
 Perseus – Perseo...96
Pisces – Pesci...99
Piscis Austrinus – Pesce australe....................101
Puppis et Pyxis – Poppa e bussola.................103
Sagitta – Freccia..105
Sagittarius – Sagittario.....................................107
Scorpius – Scorpione..111
Sculptor – Scultore...114
Scutum – Scudo..116
Serpens – Serpente...118
Sextans – Sestante..121
Taurus – Toro..123
Triangulum – Triangolo...................................127
Ursa Major – Orsa maggiore...........................129

Ursa Minor – Orsa minore 133
Virgo – Vergine 135
Vulpecula – Volpetta 139
Bibliografia 141
Biografia 143

La classificazione delle stelle

Il primo rozzo catalogo stellare è da attribuire proprio alle antiche civiltà, quali Babilonesi, Egizi, Greci ed Arabi. A loro dobbiamo tutti i nomi propri, come *Vega*, nella Lira, *Capella*, in Auriga, *Betelgeuse* in Orione, *Sirio* nel Cane maggiore e molte altre. Spesso si tratta di nomi associati a miti e leggende, altre volte dal significato più estetico, come Mira, nome di recente attribuzione per definire una "stella meravigliosa".

Esiste anche una catalogazione più pratica, la cui origine risale al 1603, ad opera dell'astronomo *Bayer*, colui che definì le costellazioni dell'era moderna con il suo lavoro intitolato *Uranometria*. Secondo questo standard, alle stelle di una costellazione vengono attribuite lettere greche in base a luminosità decrescenti, seguite dal genitivo latino del nome della costellazione. Seguendo questo

Uranometria è l'imponente lavoro di *Bayer* che classifica stelle e costellazioni dell'era moderna. In questa immagine la figura di Orione, cacciatore mitologico dell'antica Grecia.

schema semplice, la stella più luminosa di ogni costellazione si chiamerà α, la seconda β, la terza γ e così via, fino a classificare tutte le stelle facenti parte della figura della costellazione.

Le stelle dell'Orsa maggiore, ad esempio (*Ursa Major*), si chiameranno: *Alpha Ursae Majoris, Beta Ursae Majoris* e così via...

Stimare ad occhio la luminosità degli oggetti non è semplice, per questo qualche volta si sono create delle incongruenze e non sempre la lettera α corrisponde alla stella più brillante, come nel caso della

costellazione dei Gemelli, dove la β (*Polluce*) è in realtà la più luminosa.
Questa classificazione semplice e un po' più distaccata è molto utile ed intuitiva per trovare facilmente le stelle principali che possiamo osservare nel cielo, invece che usare le coordinate equatoriali, difficili da interpretare e misurare.
La classificazione secondo questo schema è alla base della tecnica dello *star hopping*, ovvero dell'individuazione di un oggetto da osservare attraverso salti successivi tra stelle relativamente brillanti. Possiamo ad esempio rintracciare la famosa nebulosa planetaria ad anello M57 a metà strada tra le stelle β e γ della costellazione della Lira. Se non ci fosse stata questa classificazione, come avreste trovato con facilità questa bellissima nebulosa e come lo avreste descritto in un testo come questo?
Attribuire quindi dei nomi alle stelle è utile, sia per trovare gli oggetti, sia per identificare le stelle stesse, importanti da studiare per astronomi e scienziati.
Una classificazione successiva, ancora usata nei cataloghi degli astrofili, sostituisce le lettere greche con un numero e identifica le stelle non secondo la luminosità, ma partendo dalla componente della costellazione posta più ad ovest. In questo modo si ha una più ampia scelta e non si corre il rischio di terminare le lettere per le costellazioni più grandi.
Gli astronomi e gli astrofili, grazie all'avvento dei telescopi, sono in grado di osservare centinaia di migliaia, se non milioni, di stelle. Identificarle è di fondamentale importanza per orientarsi e soprattutto per studiare le loro proprietà. La semplice classificazione vista fino ad ora non è più sufficiente, perché povera di dettagli e perché riguarda solamente un esiguo numero delle stelle effettivamente osservabili. Per questo motivo, nel corso degli anni sono stati compilati imponenti atlanti stellari con il compito di identificare, con una particolare sigla, coordinate e alcune importanti proprietà delle stelle.
Alcuni database sono enormi e contengono anche decine di milioni di stelle, ognuna delle quali è corredata da un nome, dalla sua luminosità apparente, dalle coordinate precise e, spesso, dal tipo spettrale e dalla distanza stimata.

Uno dei cataloghi più completi di informazioni, ed utile specialmente agli astrofili, è l'*Harry Draper Catalogue*, abbreviato con HD, compilato dagli scienziati di Harvard tra il 1918 e il 1924 ed ampliato nel 1949. Esso contiene la classificazione, secondo precisissime coordinate equatoriali e proprietà spettroscopiche, di oltre 350000 stelle fino alla nona magnitudine, quindi praticamente tutte quelle utilizzate dagli astrofili per orientarsi e muoversi nel cielo con i propri strumenti.
Con l'avvento di più potenti telescopi e di tecniche di misurazione della posizione molto accurate, il catalogo HD è stato sostituito, soprattutto in ambienti professionali, da altri cataloghi molto più completi e contenenti informazioni di diversa natura. Sono così nati i cataloghi per la classificazione di stelle doppie, come il *Washington Catalog of Double Stars* (WDS), contenente quasi 100000 oggetti, oppure il *General Catalog of Variable Stars* (GCVS), con quasi 38000 stelle variabili, in continuo aggiornamento.
Per quanto riguarda la semplice classificazione stellare, troviamo l'*Hubble Guide Star Catalog* (GSC) contenente posizioni e magnitudini di circa 15 milioni di stelle adatte al puntamento e alla guida del telescopio spaziale *Hubble*.
Il record spetta al catalogo USNO, che nella sua versione completa classifica circa 1 miliardo di stelle!

La classificazione degli oggetti diffusi
Nei cataloghi stellari appena visti non è classificata nemmeno una nebulosa, una galassia o un ammasso stellare.
Per questi oggetti esistono dei cataloghi a parte, che contengono, oltre al nome assegnato all'oggetto, alcune proprietà fondamentali, quali: tipologia, diametro, aspetto, proprietà fotometriche e così via.
La prima classificazione degli oggetti del cielo profondo è stata possibile solamente con l'avvento del telescopio.
Il primo catalogo fu compilato dall'astronomo e cacciatore di comete *Charles Messier*; esso classifica e identifica attraverso le coordinate equatoriali 110 oggetti non stellari. Il catalogo *Messier*, i cui oggetti sono identificati con la lettera M seguita da un numero compreso tra

1 e 110, è largamente utilizzato dagli astrofili nell'osservazione di ammassi stellari, nebulose e galassie (ed ora finalmente avete scoperto perché la galassia di Andromeda si chiama M31, oppure la nebulosa ad anello nella Lira M57!).
Il catalogo *Messier* fu pubblicato per la prima volta nel 1774. L'astronomo francese compilò questa lista di oggetti per identificarli e non scambiarli per delle comete, la cui ricerca era di gran lunga l'attività su cui si concentravano tutti gli astronomi del tempo.
In esso sono raccolti, indistintamente, oggetti galattici (nebulose ed ammassi), ed extragalattici, ovvero comprendenti galassie esterne alla Via Lattea.
Gli oggetti furono avvistati attraverso piccoli telescopi, del tutto simili ai moderni rifrattori da 75-80 mm: tutti gli oggetti contenuti sono quindi facile preda di un piccolo telescopio amatoriale, a patto di osservare sotto un cielo privo di luci artificiali e della Luna.
Nel corso degli anni, con il progredire della potenza dei telescopi, furono osservati migliaia di altri oggetti diffusi e compilati altri cataloghi. Uno dei più importanti è il ***New General Catalogue*** **(NGC)**; esso contiene quasi 8.000 oggetti del cielo profondo, frutto della collaborazione di alcuni importanti astronomi della seconda metà dell'800, tra cui *William Herschel, John Herschel e John Dreyer*. Gli oggetti appartenenti al catalogo, tra cui anche tutti quelli classificati da *Messier*, hanno la sigla NGC seguita da un numero compreso tra 1 e 7840, non tutti osservabili con piccoli strumenti, ma quasi tutti alla portata di telescopi da 250 mm.
Il catalogo NGC contiene anche oggetti particolarmente brillanti sfuggiti, chissà per quale motivo, a *Messier*, circa un secolo prima, come il doppio ammasso del Perseo, classificato come NGC869-884, o la nebulosa Nord America, nel Cigno, visibile anche ad occhio nudo e classificata come NGC7000.
Gli oggetti riportati anche nella classificazione precedente di *Messier* hanno la doppia dominazione, a seconda del catalogo utilizzato: la galassia di Andromeda, ad esempio, è classificata sia come M31 che come NGC224.
Gli astronomi professionisti dei giorni nostri utilizzano altri cataloghi, anche perché grazie ai loro potenti telescopi sono stati individua-

ti moltissimi altri oggetti diffusi non inclusi nelle classificazioni dei secoli passati.
I moderni cataloghi sono divisi in base al tipo di oggetto; molto sviluppati sono quelli che classificano le galassie. Il *Catalogue of Principle Galaxies* (PGC) contiene circa 900000 galassie esterne alla Via Lattea, ma ve ne sono altri che ne contano anche milioni.

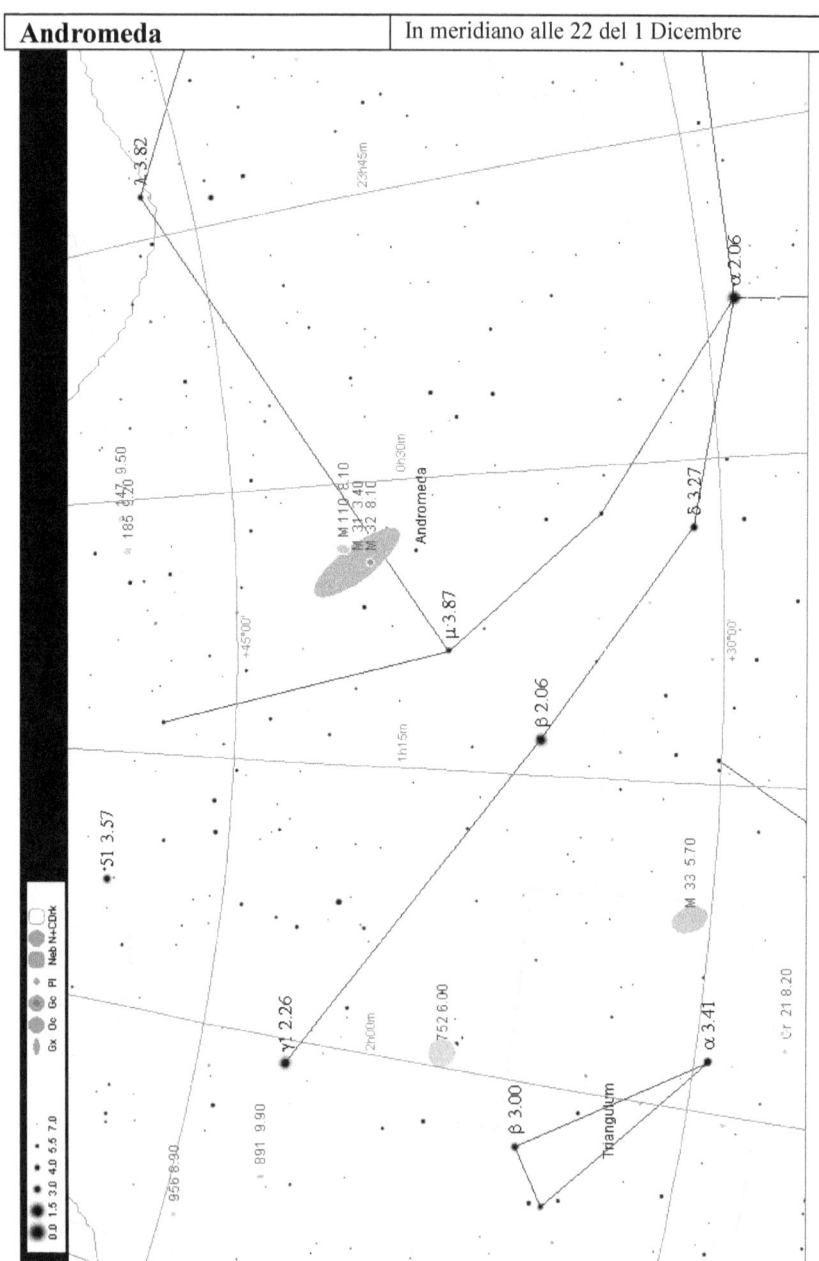

Descrizione
Costellazione individuata sin dall'antichità. Andromeda era la figlia di Cassiopea e Cefeo, signori dell'antico regno di Etipoia.
La madre, Cassiopea, si vantava di essere una delle figlie del dio del mare, Nereo, e per questo egli scatenò contro di lei la furia del mostro Cetus (la Balena) che gli devastò il regno. Un oracolo disse a Cassiopea e Cefeo che solamente il sacrificio della loro figlia avrebbe placato le ire del dio del mare, e per questo essi diedero Andromeda tra le grinfie di Cetus, incatenandola ad una roccia a picco sul mare.
Andromeda all'ultimo momento fu però salvata dal coraggioso Perseo, giunto fino a lei in sella al suo cavallo alato Pegaso.
Mostrando la testa di Medusa al mostro, egli si trasformò istantaneamente in pietra e Perseo riuscì a liberare Andromeda.

Oggetti principali
M31: La grande galassia di Andromeda non ha bisogno di presentazioni: si tratta dell'oggetto più lontano visibile ad occhio nudo, ad appena (!) 2,3 milioni di anni luce.
Sotto cieli scuri appare come una piccola nube allungata ben visibile ad occhio nudo, soprattutto in visione distolta. Quadro bellissimo con un binocolo da 50 o 80 mm di diametro. A causa delle cospicue dimensioni, perde di spettacolarità con un telescopio, poiché la galassia ha un'estensione di oltre 3°, ben 9 volte superiore alla Luna piena vista ad occhio nudo.

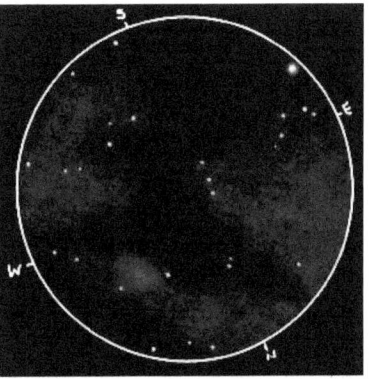

NGC206 è l'unico ammasso aperto osservabile in un'altra galassia con telescopi amatoriali. In questo disegno come appare ad uno strumento di 150 mm (piccola nube in basso).

Nello stesso campo di M31 è possibile osservare anche due piccole galassie satelliti: **M32**, di forma stellare ed **M110** più debole, allungata e distante dal nucleo.
Nonostante la vicinanza e la notevole luminosità, i dettagli, così facili da catturare in fotografia, non sono visibili con alcuno strumento. Solamente telescopi a partire da 150 mm mostrano una tenue banda di polveri solcare il disco. Nella porzione sud est è possibile osservare, con telescopi di almeno 150 mm, una condensazione indistinta simile ad una piccola nube; si tratta dell'ammasso aperto **NGC206**, il più lontano che possiamo osservare con i nostri telescopi, appartenente alla galassia di Andromeda.
Le sue stelle più brillanti, di magnitudine 17, sono riservate a grandi telescopi dobson di oltre 400 mm di diametro.

NGC891: Splendida galassia a spirale vista di profilo, piuttosto debole ed osservabile con profitto solamente con strumenti a partire da 150 mm. Si contende con NGC4565, nella Chioma di Berenice, la palma di galassia più spettacolare.

NGC7662: Piccola nebulosa planetaria soprannominata *Blue Snowball* (palla di neve blu), facile preda di ogni telescopio, a patto di osservare ad almeno 100 ingrandimenti, viste le esigue dimensioni. Uno dei pochi oggetti che mostra il colore.

Fotografia a lunga esposizione di M31, la grande galassia di Andromeda, attraverso uno strumento da 130 mm. Sfortunatamente i nostri occhi non sono abbastanza sensibili per consentire questo tipo di visione, con nessun telescopio.

| Acquarius – Acquario | In meridiano alle 22 del 20 Settembre |

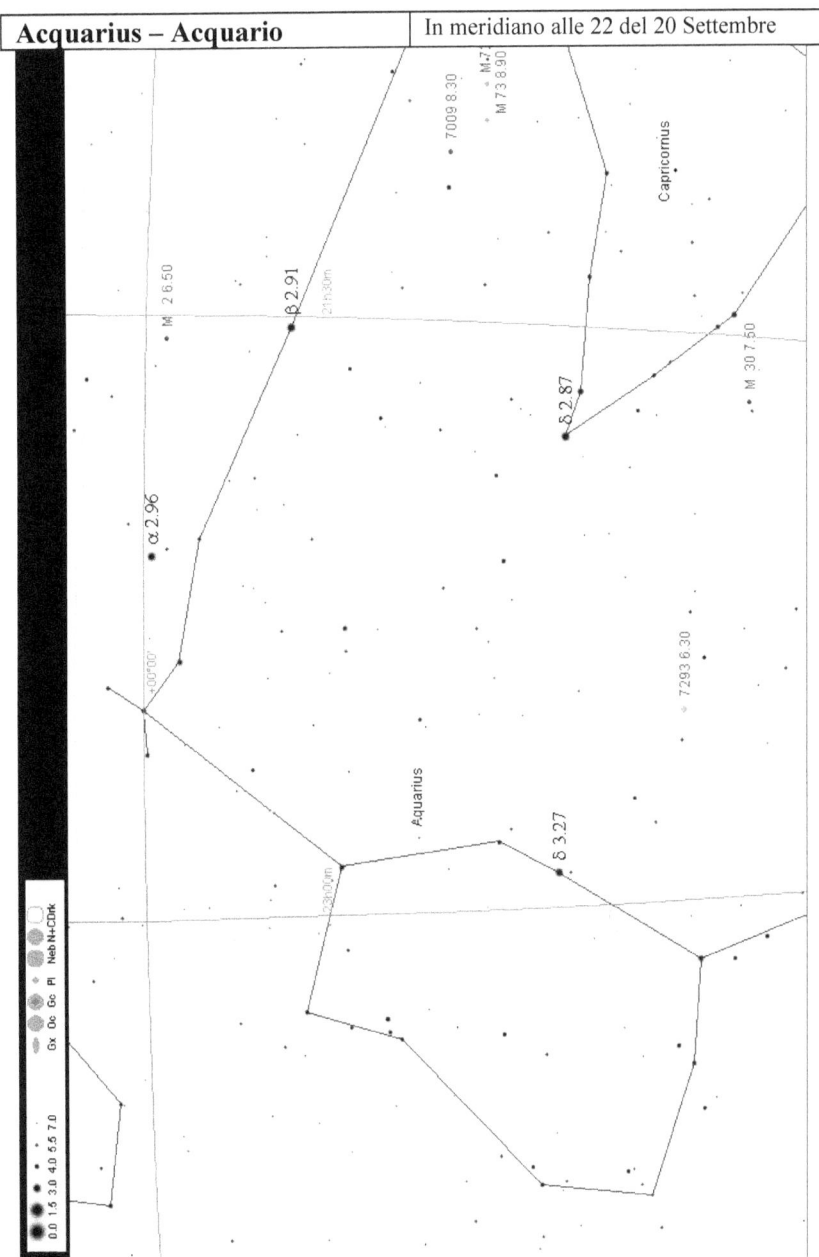

Descrizione
Costellazione le cui origini sono da far risalire all'antica Babilonia (l'attuale Iraq). La sua collocazione nel cielo, infatti, è proprio vicino ad animali tipicamente acquatici, come il pesce, il delfino ed il pesce australe. Nella mitologia greca la figura dell'acquario viene associata spesso a Zeus, il re degli dei, il quale consente all'acqua di sgorgare dal cielo e di mantenere la vita sulla Terra.

Oggetti principali
M2: Luminoso ammasso globulare esteso metà del diametro lunare. Avvistabile con qualsiasi binocolo, come ogni globulare da il meglio di se con un telescopio da almeno 150 mm e 100 ingrandimenti. Un simile strumento consente di risolvere le singole stelle, conferendo all'oggetto un aspetto stellare davvero suggestivo. Strumenti di diametro inferiore mostrano semplicemente una condensazione indistinta e debole.

L'ammasso globulare M2 è facile da osservare con ogni telescopio.

NGC 7009: Soprannominata nebulosa Saturno, è una piccola planetaria che ricorda vagamente il pianeta con gli anelli. Come ogni planetaria ha una luminosità superficiale abbastanza elevata, tanto da poter essere osservata anche con strumenti di modesto diametro come rifrattori da 80-90 mm, a patto di usare alme-

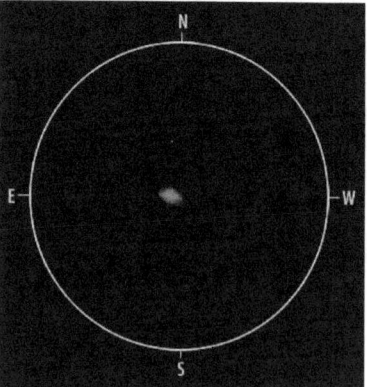
Disegno della nebulosa Saturno eseguito all'oculare di un telescopio da 200 mm a 150 ingrandimenti.

no 70-80 ingrandimenti necessari per notare la sua forma estesa poche decine di secondi d'arco.

M72: Piccolo e poco denso ammasso globulare visibile a fatica con telescopi di 250 mm

M73: Non si tratta di un oggetto diffuso, ma di 4 stelle angolarmente vicine, probabilmente scambiate per una nebulosa dagli scarsi telescopi ottici dell'astronomo francese che nel diciottesimo secolo ha compilato il catalogo: Charles Messier.

NGC7293: La nebulosa Helix è la planetaria a noi più vicina e più brillante. Sfortunatamente la sua immagine si espande su un'area estesa quasi quando il diametro apparente della Luna piena ed è per questo difficilissima da osservare. Unica possibilità: un cielo nerissimo ed un binocolo da almeno 50 mm o un telescopio utilizzato a bassi ingrandimenti (non oltre le 40 volte).

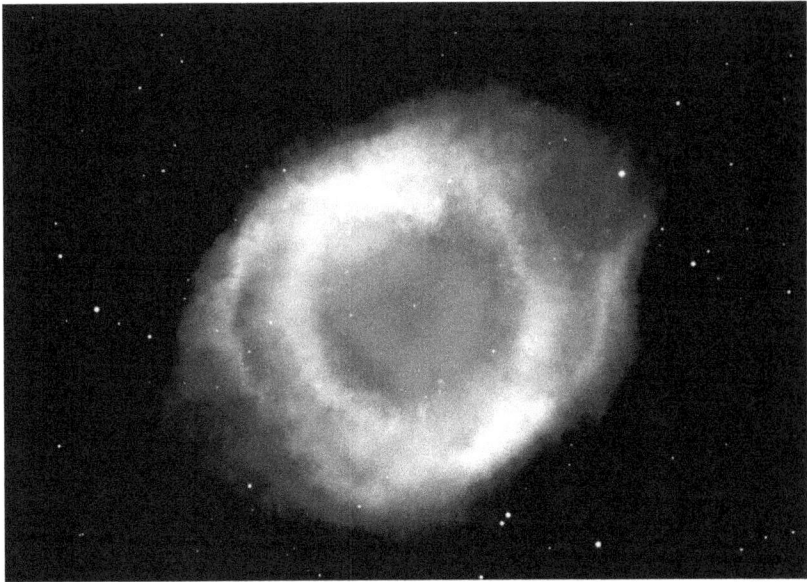

La magnifica nebulosa Helix è la planetaria a noi più vicina e luminosa, ma difficilissima da osservare perché di bassissima luminosità superficiale.

| Aquila – Aquila | In meridiano alle 22 del 10 Agosto |

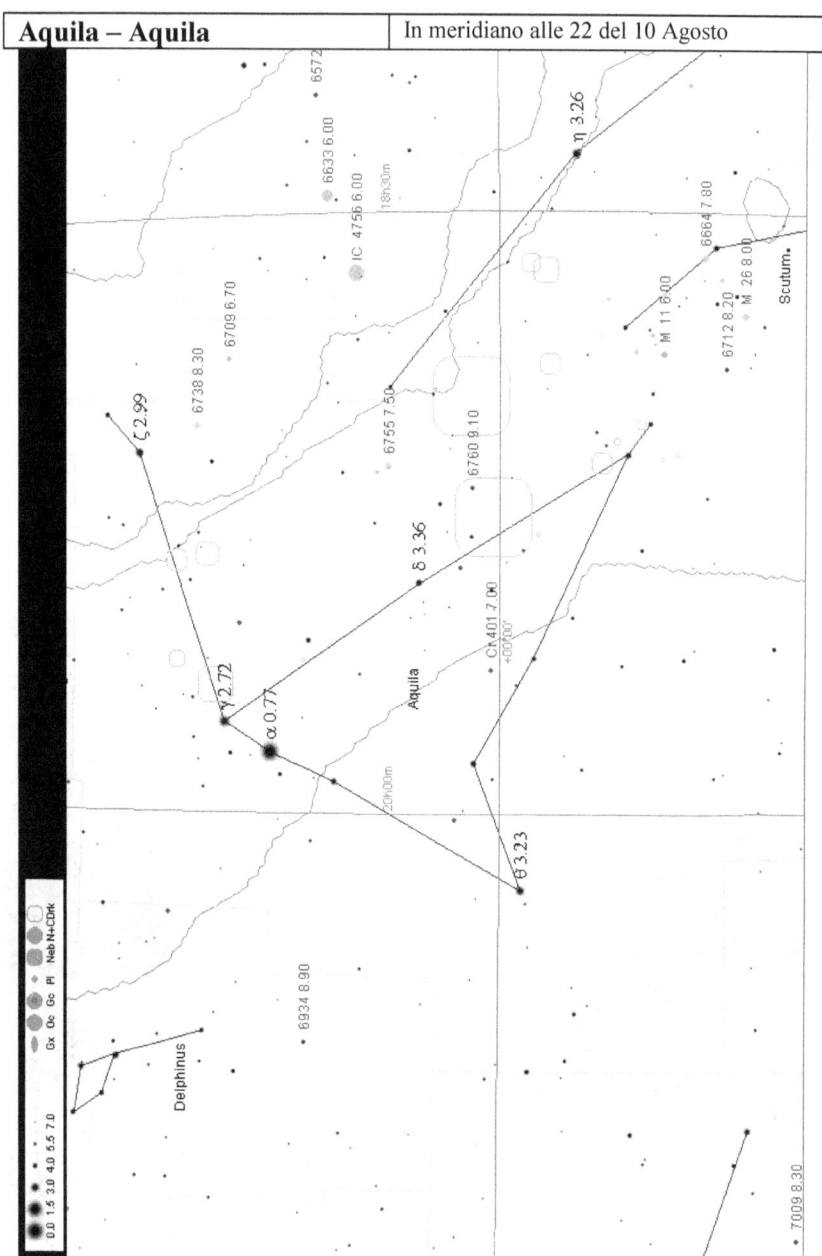

12

Descrizione
Costellazione antichissima, identificata dagli antichi Babilonesi, quindi ricca di storie mitologiche.
Secondo i greci, Aquila era il nome dell'uccello di Zeus che portò Ganimede, un mortale bellissimo, in cielo, al cospetto del dio, che lo fece diventare il coppiere.
La costellazione è attraversata dalla Via Lattea estiva e contiene molti ammassi aperti e nebulose oscure facili preda di un binocolo da almeno 50 mm.

Oggetti principali
Eta aquilae: Non si tratta di un ammasso o una galassia, ma di una stella, visibile ad occhio nudo, variabile di tipo Cefeide (vedi costellazione del Cefeo per una breve descrizione). Eta aquilae varia da magnitudine 3,5 a 4,4 in un periodo di circa 8 giorni. Ottimo esempio di come gli oggetti dell'Universo in realtà non sono statici ma in continua evoluzione.

NGC6709: Il più luminoso ammasso aperto della costellazione, semplice da osservare con un binocolo 15° ad ovest di Altair, la stella più brillante della costellazione. Un'osservazione telescopica ad ingrandimenti di circa 50 volte, magari con un oculare dal grande campo, rende la zona estremamente bella.

La figura dell'Aquila non è facile da identificare a causa dell'elevato numero di stelle in questa zona della Via Lattea estiva. Per rintracciarla si parte dalla brillante Altair, uno dei vertici del famoso triangolo estivo.

| Aries – Ariete | In meridiano alle 22 del 20 Novembre |

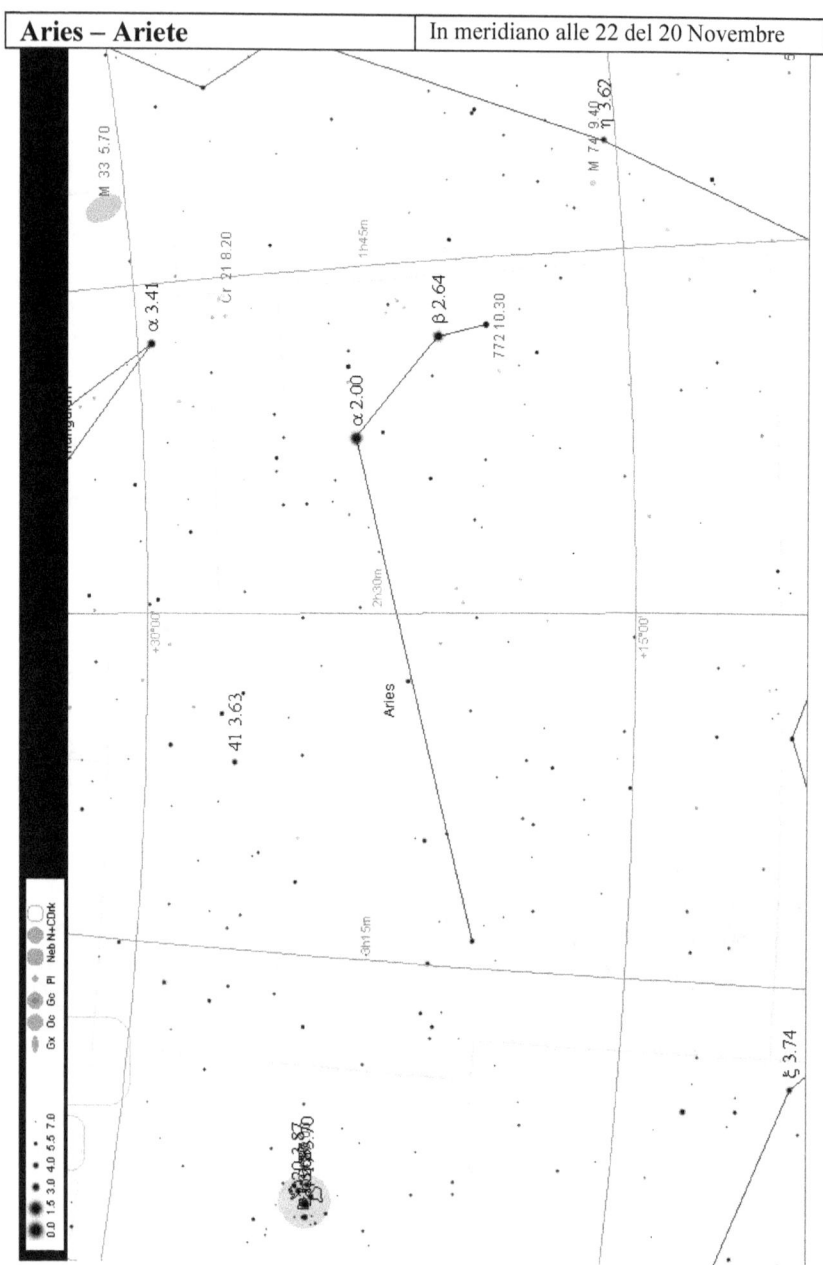

Descrizione
Questa costellazione è stata identificata con un ariete dai Babilonesi, dagli Egiziani e dai Greci.
Il mito greco è estremamente interessante ed intrigato.
Il re della Tessaglia aveva due figli, Prisso ed Elle, che venivano maltrattati dalla perfida matrigna. Il dio Hermes decise allora di inviare sulla Terra un ariete dal vello d'oro con il compito di salvarli. Sfortunatamente Elle cadde in mare quando l'ariete sul quale si trovava era in volo sopra lo stretto di mare che separa l'Europa dall'Asia. Per questo motivo i greci chiamarono questo bacino Ellesponto (il mare di Elle). Prisso riuscì invece a salvarsi e fu portato dall'ariete sulle sponde del Mar Nero. A quel punto sacrificò l'ariete e diede il vello in custodia ad un drago che non dormiva mai.
La costellazione dell'Ariete è la prima delle costellazioni dello zodiaco. E' considerata la prima perché nell'antichità vi si trovava il punto gamma, il punto in cui il Sole era proiettato nell'equinozio di primavera. A causa della precessione degli equinozi, questo punto si è oggigiorno spostato nella vicina costellazione dei Pesci, mentre l'Ariete è traslata verso nord. E' una costellazione facile da individuare perché composta da poche stelle brillanti, ma è povera di oggetti da osservare, perché lontana dal disco della Via Lattea.

La costellazione dell'Ariete, facile da identificare nella parte destra di questa immagine scattata dall'astronomo *David Malin*. A sinistra, le Pleiadi.

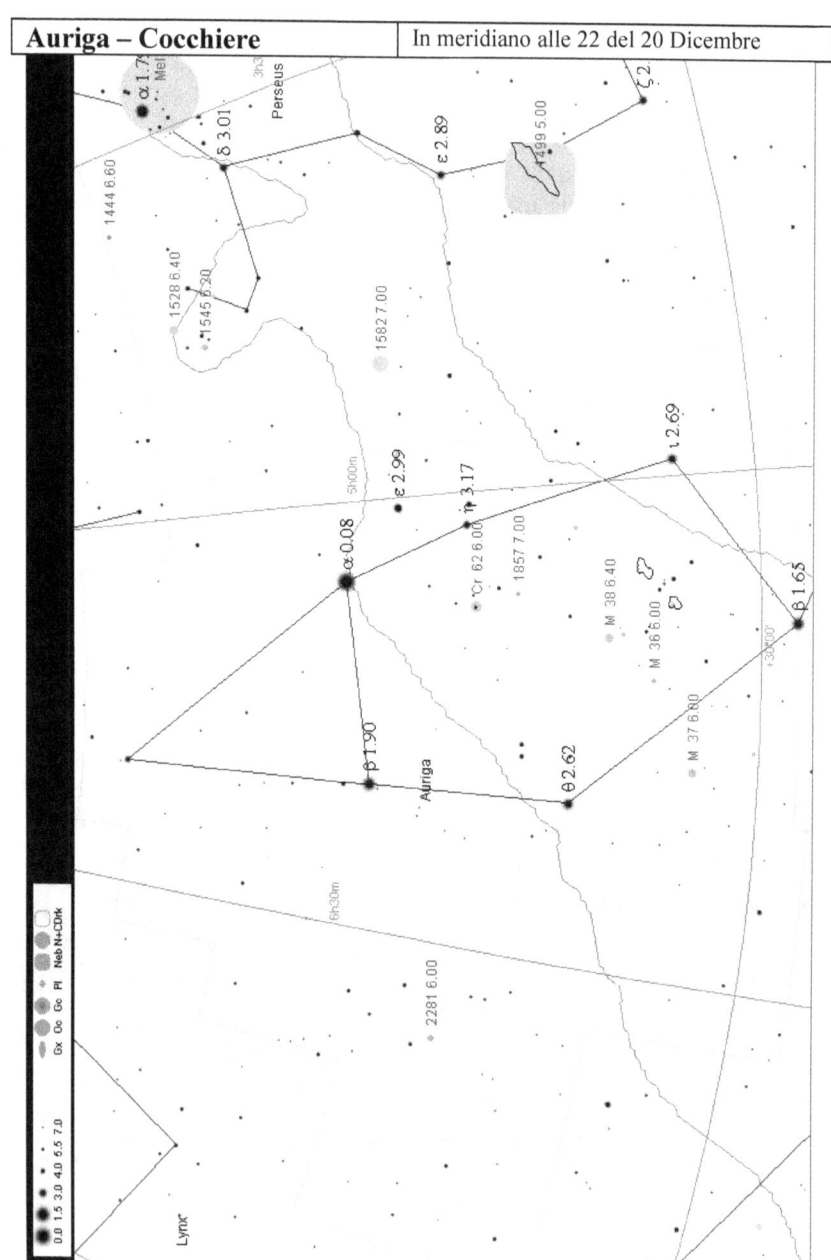

Descrizione
Auriga, secondo le leggende greche, era un cocchiere che trasportava sulle spalle una capra ed in una mano due capretti. Questa figura veniva identificata con Eretteo, figlio di Efesto, il dio del fuoco che si era costruito un carretto per trasportare il suo corpo malridotto.
Auriga è una costellazione invernale, facile da individuare, situata in piena Via Lattea. E' dominata da Capella, una stella molto brillante simile al Sole, sebbene più grande, distante 50 anni luce. La costellazione contiene molti ammassi stellari e nebulose.

Oggetti principali
M36: Ammasso aperto 5° a sud-ovest di Capella (la stella alpha), molto bello con un binocolo e qualsiasi telescopio a bassi ingrandimenti, strumenti che vi mostreranno una sessantina di stelle di circa magnitudine 8.

M37: Ancora più grande ed esteso di M36, questo ammasso aperto può essere addirittura avvistato ad occhio nudo come una debole condensazione. Esteso più del diametro apparente della Luna, mostra i suoi dettagli a tutti gli strumenti astronomici, a patto di usare ingrandimenti inferiori alle 100 volte.

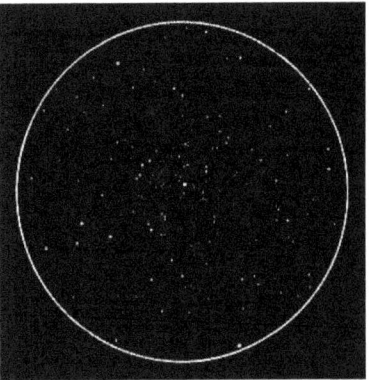
L'ammasso aperto M37 osservato con un piccolo telescopio.

M38: Ammasso aperto più piccolo, compatto e debole degli altri due. E' facile da individuare con un binocolo ma per essere risolto in stelle richiede un telescopio, anche di modesto diametro, ad esempio 100 mm.

| Bootes – Pastore | In meridiano alle 22 del 1 Giugno |

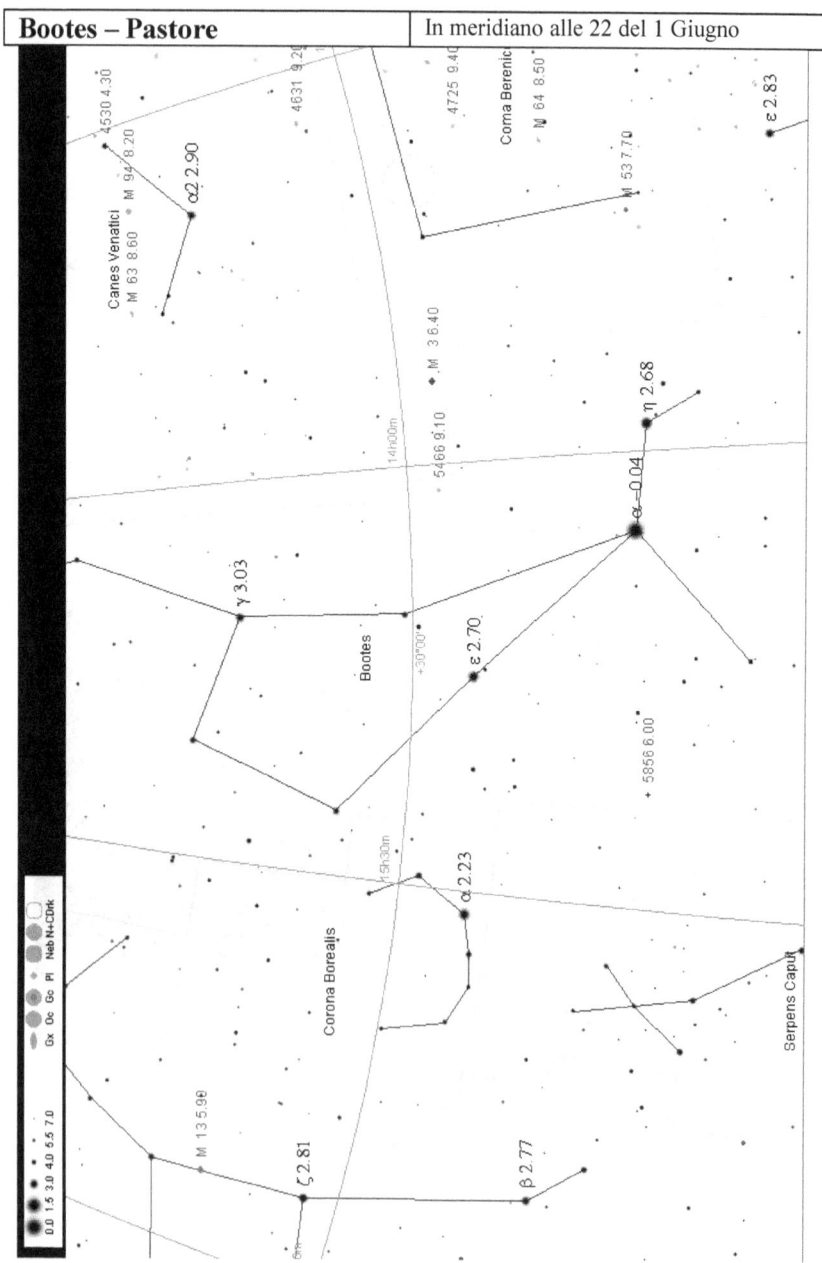

Descrizione
Bootes è una parola greca che indica il pastore.
Secondo il mito era il figlio di Demetra, inventore dell'aratro. Per questa sua straordinaria invenzione gli fu offerto un posto in cielo. Altre leggende affermano che Bootes era figlio di Zeus e Callisto, quest'ultima tramutata in orsa dalla moglie di Zeus, Hera. Callisto durante una battuta di caccia venne quasi uccisa dal figlio Bootes, ignaro che l'orso a cui dava la caccia era in realtà sua madre. Zeus allora intervenne salvando l'amata e collocandola nel cielo.
La figura della costellazione è facile da individuare, poiché dominata dalla luminosa stella Arturo (Arcturus in latino) ed ha la tipica forma di un aquilone.
Anche questa costellazione, come spesso accade a quelle fuori dal disco della Via Lattea, è povera di oggetti facili da osservare.

Oggetti principali
Arturo: Terza stella più brillante del cielo dopo Sirio e Canopo (visibile solamente dall'emisfero sud), di magnitudine pari a -0,04.
Arturo brilla di un inconfondibile color arancio in una zona relativamente povera di astri.
Fisicamente si tratta di una gigante rossa, stella al termine della propria vita, circa 200 volte più brillante del Sole e 25 volte più estesa. Arturo è anche una delle stelle dal maggiore moto proprio, spostandosi nel cielo di circa 2,3" ogni anno. Quando gli egizi osservavano il cielo, questa stella si trovava ad oltre 3° dalla posizione attuale.

NGC5466: Debole e distante ammasso globulare (circa 50000 anni luce), visibile non senza qualche difficoltà in strumenti da 90 mm. Le stelle di cui è composto cominciano a rivelarsi, deboli, in telescopi a partire dai 300 mm.

Camelopardalis – Giraffa — In meridiano alle 22 del 10 Gennaio

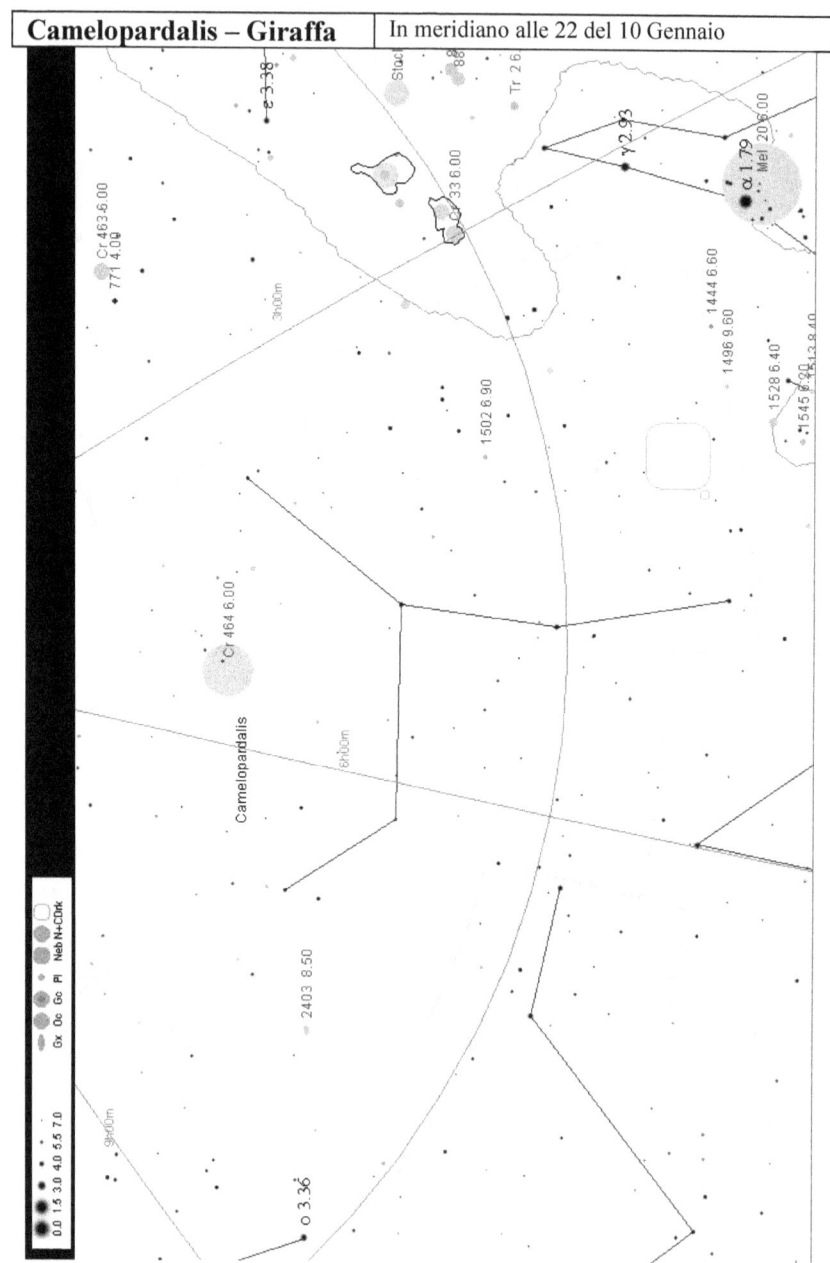

Descrizione
E' una costellazione ideata di recente dalla fantasia dell'astronomo *Bartsch*, nel 1624.
Secondo l'ideatore, si tratta dell'animale che Rebecca aveva portato ad Isacco. La costellazione è tipicamente invernale, quasi totalmente circumpolare per le latitudini italiane, composta da stelle piuttosto deboli (la più brillante è di magnitudine 4), quindi difficili da individuare. L'area di cielo assegnata è molto maggiore di quella effettivamente occupata dalla figura.
Nonostante la grande superficie, non vi sono oggetti brillanti da osservare, a parte una galassia; ma se avete il gusto della sfida, vi sono decine di deboli galassie che metteranno a dura prova il vostro occhio e il vostro telescopio, a patto che sia di almeno 200 mm.

Oggetti principali
NGC2403: Galassia a spirale piuttosto luminosa e relativamente facile da osservare. Già un buon binocolo da 80 mm mostrerà la nuvoletta indistinta e leggermente allungata tipica di questa classe di oggetti. Un telescopio da 200 mm fornisce sicuramente un'immagine più contrastata, ma non molto più dettagliata. Solamente telescopi a partire da 300 mm cominciano a rivelare le tenui spirali di questa galassia.

NGC1502: Debole e piccolo ammasso aperto formato da una cinquantina di componenti piuttosto concentrate. Nonostante le stelle più brillanti siano di settima-ottava magnitudine, alla portata di qualsiasi binocolo, solamente un telescopio da 150 mm vi mostrerà molte altre deboli componenti.

Cancer – Cancro	In meridiano alle 22 del 1 Marzo

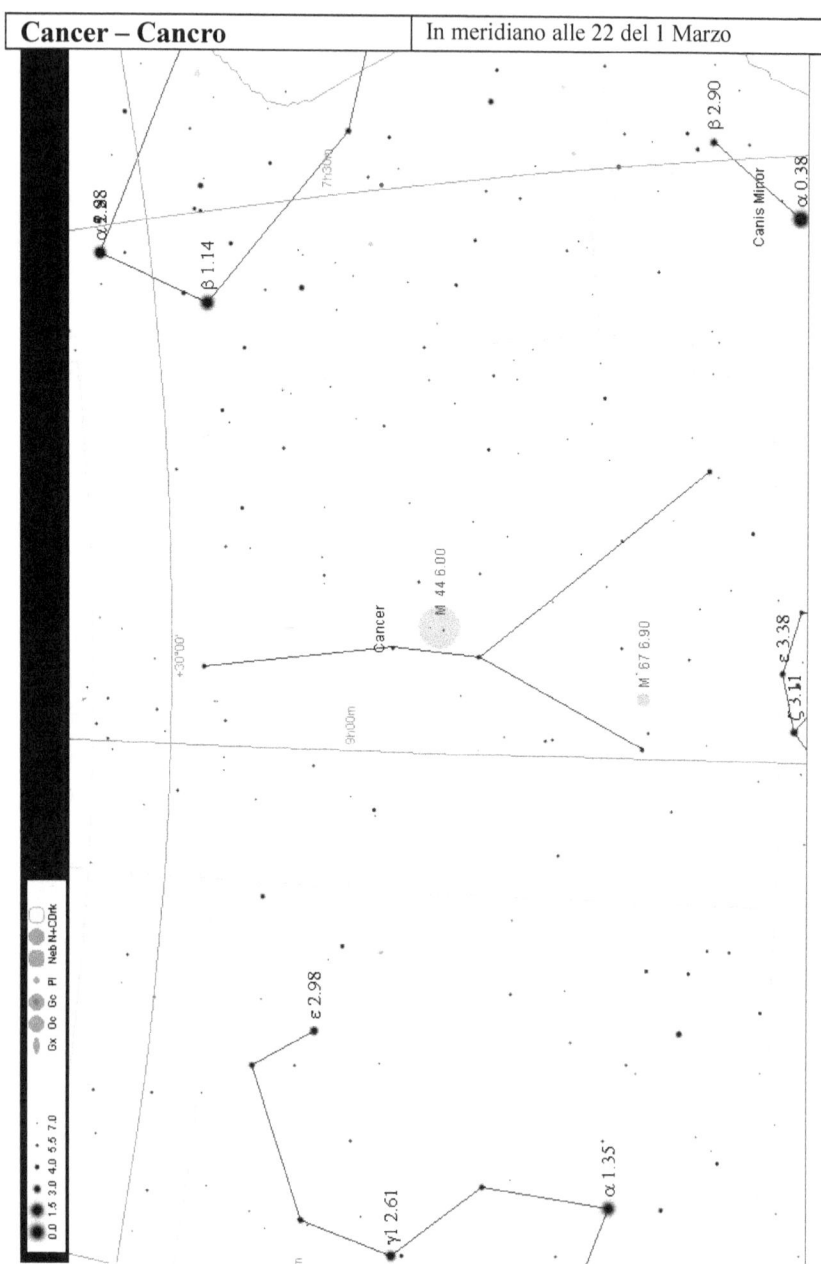

Descrizione
La mitologia greca narra che il Cancro, una specie di granchio, fu mandato sulla Terra dagli dei a disturbare Ercole, impegnato nella battaglia contro il mostro Idra. L'eroe lo schiacciò con un piede, ma la regina degli dei, Hera, per ricompensarlo lo collocò tra le stelle.
Il Cancro è una debole costellazione dello zodiaco, stretta tra le appariscenti costellazioni dei gemelli (ad ovest) e del leone (ad est), formata da 5 stelle piuttosto deboli da osservare se non si dispone di un cielo abbastanza scuro.

Oggetti principali
M44: Il famoso ammasso aperto soprannominato presepe è più vistoso della costellazione stessa, essendo facilmente visibile ad occhio nudo come una piccola nube poco a nord-ovest della stella delta della costellazione.
Obiettivo bellissimo con un binocolo ed un telescopio a modesti ingrandimenti.

L'ammasso aperto M44 è semplice da individuare anche ad occhio nudo nel centro della costellazione del Cancro.

Esteso per circa 1° e mezzo, ha un diametro apparente oltre 3 volte superiore a quello della Luna piena. Le 200 stelle di cui è composto sono tutte alla portata di uno strumento di appena 80 mm, utilizzato ad ingrandimenti modesti.

M67: Altro ammasso aperto, molto diverso rispetto al collega M44. In questo caso si tratta di un oggetto compatto e più debole, formato da stelle abbastanza vecchie; un'eccezione per questa classe di oggetti, tipicamente popolati da stelle molto giovani (qualche decina di milioni di anni). La migliore visione si ottiene con un telescopio di almeno 80 mm di diametro a 50X. In un'area grande come la Luna piena potrete contare qualche centinaio di deboli stelle.

| Canes Venatici – Cani da caccia | In meridiano alle 22 del 1 Maggio |

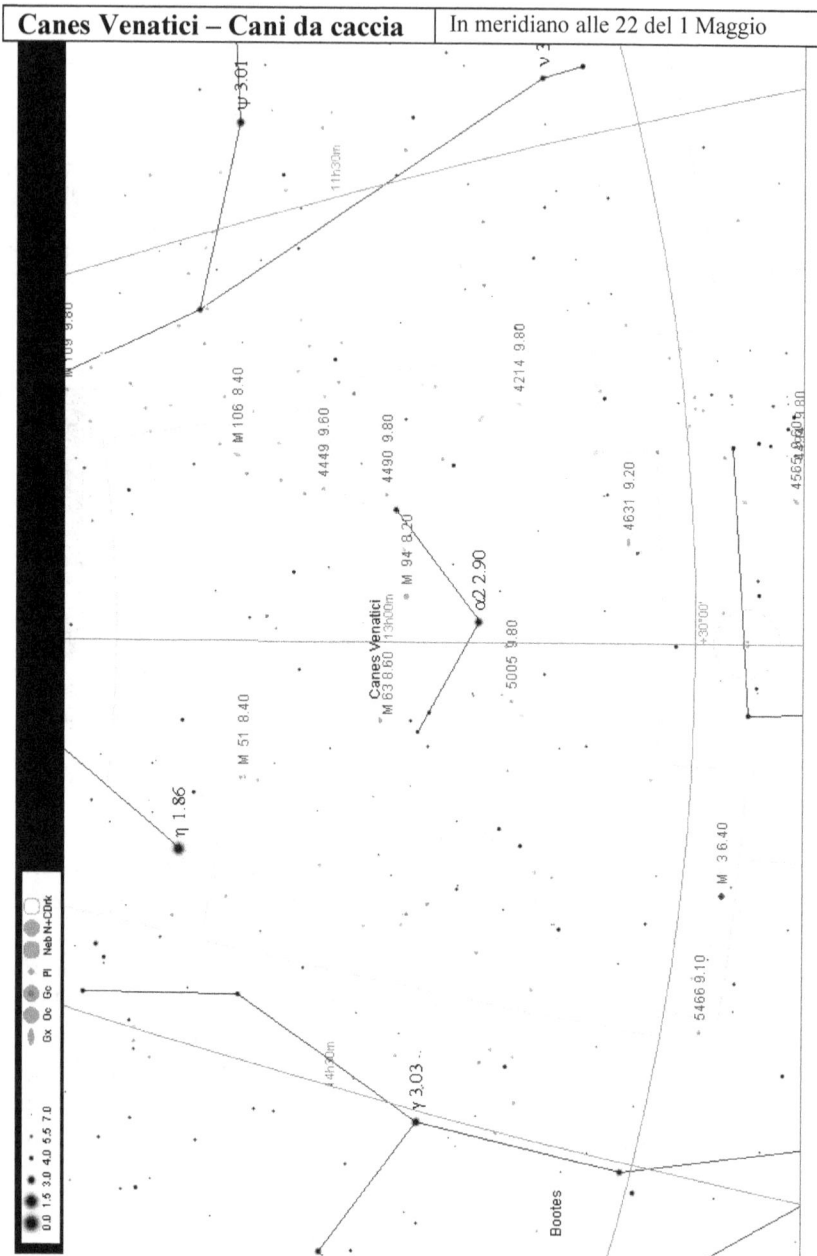

Descrizione
Secondo uno dei miti greci, i cani da caccia sono identificabili con i levrieri Asterion e Chara, condotti al guinzaglio da Bootes, alla caccia dell'Orsa maggiore e di quella minore.
La costellazione si trova a sud del grande carro e ad ovest di Bootes. Formata da 3 stelle semplici da individuare, contiene molte galassie facili da osservare con un telescopio, anche di diametro modesto.

Oggetti principali
M3: Ammasso globulare in una zona ricca di galassie. Distante circa 35000 anni luce è facile da avvistare anche con un binocolo. Per risolvere la sua natura stellare, come tutti i globulari, occorre un telescopio da almeno 150 mm.

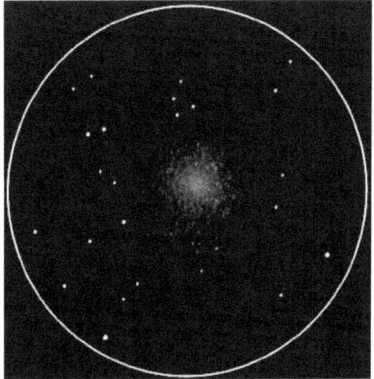

Disegno dell'ammasso globulare M3 con un telescopio da 250 mm a 130X.

M51: Soprannominata la galassia vortice, è una splendida galassia a spirale di magnitudine 8, quindi alla portata di ogni telescopio. Possiede una compagna più debole alla quale è legata gravitazionalmente, visibile con strumenti di 80-90 mm.
Come molte galassie, per mostrare qualche dettaglio oltre ad un centro stellare circondato da un debole alone, richiede telescopi di diametro superiore ai 200 mm. Qualche osservatore afferma di aver visto i suoi bracci a spirale con strumenti da 250 mm e cieli molto scuri. In effetti,

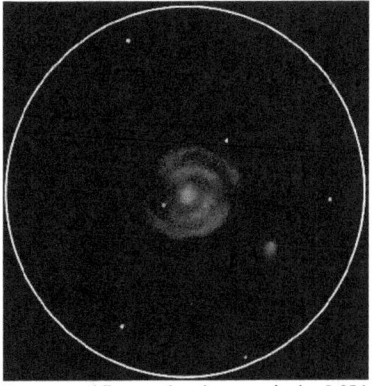

La magnifica galassia a spirale M51 come appare con uno strumento da 250-300 mm sotto un cielo scuro.

M51 è la galassia che mostra più facilmente i suoi bracci a spirale, sebbene mai come in fotografia. Per osservarli chiaramente è meglio usare strumenti di almeno 300 mm. La delicatezza e la precisione di questo disegno cosmico regala un'emozione difficile da descrivere a parole.

M63: Detta galassia girasole (*sunflower* in inglese) è un'altra galassia a spirale, diversa da M51, ma ugualmente luminosa. Possiede un nucleo abbastanza brillante e diffuso, tanto da poter essere avvistato anche con strumenti da 80 mm. La sua immagine, sebbene priva di dettagli, è molto evidente a partire dal classico diametro "di confine" di 150 mm. In effetti questo rappresenta il discriminante tra percepire ed osservare in modo chiaro quasi tutti gli oggetti deep-sky, ad eccezione degli ammassi aperti.

M94: Galassia a spirale con un nucleo abbastanza brillante e di aspetto stellare. L'alone è visibile chiaramente solo con strumenti da 100 mm.

M106: Ancora una galassia a spirale, un po' debole perché priva di un nucleo brillante. Si mostra allungata con strumenti da almeno 100 mm.

La splendida galassia a spirale M63, con i suoi bracci strettamente avvolti e l'immenso alone stellare ripresa con un telescopio da 250 mm. Naturalmente la visione diretta è molto diversa.

Immagine a lunga esposizione di M51 attraverso uno strumento da 250 mm. Notate l'enorme differenza rispetto al disegno effettuato con uno strumento simile (pagina precedente).

| Canis Major – Cane maggiore | In meridiano alle 22 del 1 Febbraio |

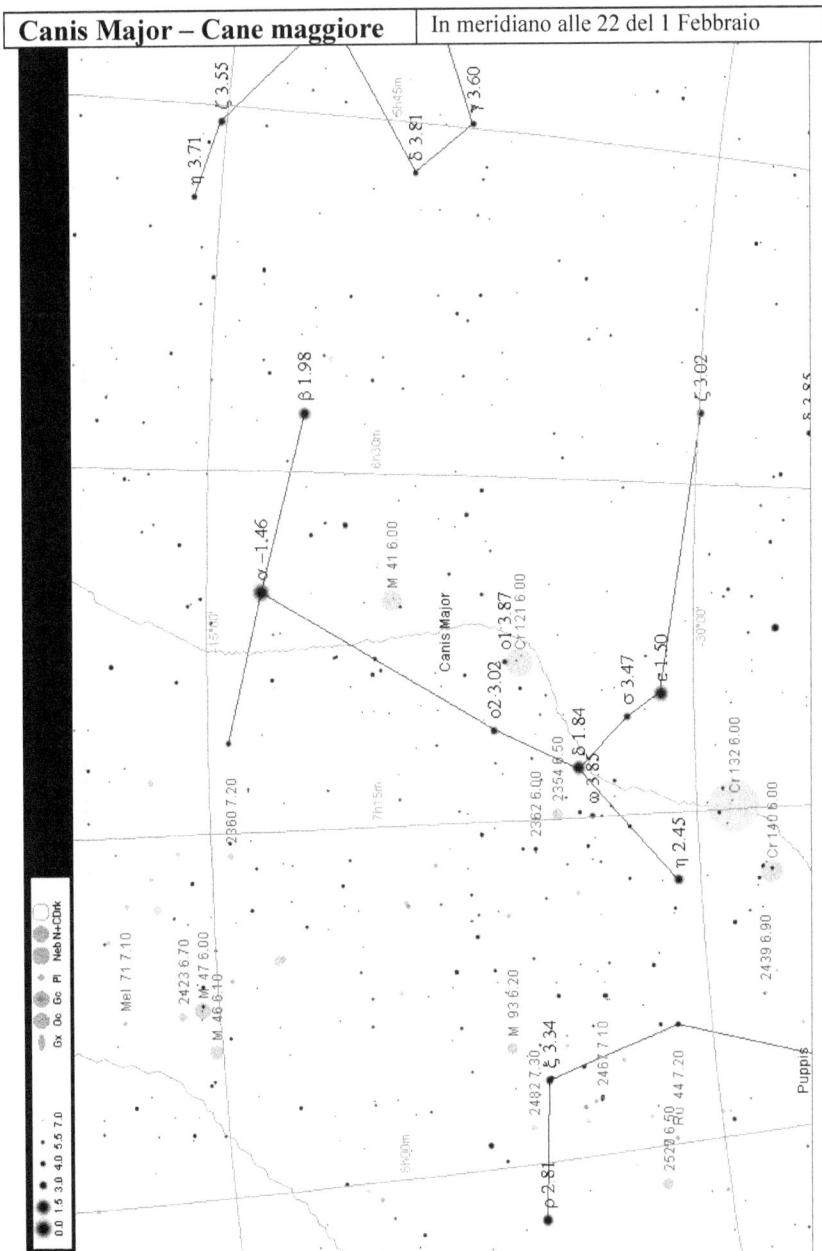

Descrizione
Cane maggiore e minore sono figure mitologiche piuttosto ricorrenti. Alcuni racconti ritraggono i due cani sotto la tavola alla quale mangiano i gemelli Castore e Polluce.
Gli antichi greci consideravano il Cane maggiore un animale velocissimo, in grado di vincere addirittura una gara di velocità contro una volpe, l'animale a quel tempo conosciuto più veloce del mondo. Per dare un premio degno dell'impresa, Zeus, il re degli dei, collocò il Cane maggiore nel cielo, dandogli l'immortalità.
Altre storie vedono invece Cane maggiore e minore fedeli al cacciatore Orione.
Il Cane maggiore ospita la stella più brillante del cielo: Sirio, astro azzurro di magnitudine apparente pari a -1,46.
Sirio ha rivestito un significato particolare per i popoli antichi, poiché comincia ad elevarsi durante i primi giorni d'autunno. Il suo sorgere nel cielo illuminato dall'alba verso la metà di settembre segna la fine dell'estate. Presso gli antichi egizi questo evento preannunciava l'inondazione della valle del Nilo, importantissima per l'agricoltura.
La costellazione, grazie proprio alla presenza di Sirio, è facilissima da individuare a sud est di Orione. Trovandosi sovrapposta al disco della nostra galassia è ricca di ammassi aperti.

Oggetti principali
M41: Splendido ammasso aperto a soli 4° a sud di Sirio, tanto che è possibile averli nello stesso campo di quasi tutti i binocoli. M41 è molto bello al telescopio, mostrando stelle colorate immerse nel suggestivo sfondo della Via Lattea invernale.

NGC2362: Altro ammasso aperto, più debole e piccolo di M41, visibile con ogni strumento.

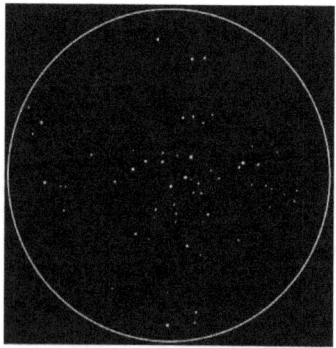

L'ammasso M41, visibile anche con un binocolo, come appare attraverso un telescopio da 100 mm ad 80X.

| Canis minor – Cane minore | In meridiano alle 22 del 10 Febbraio |

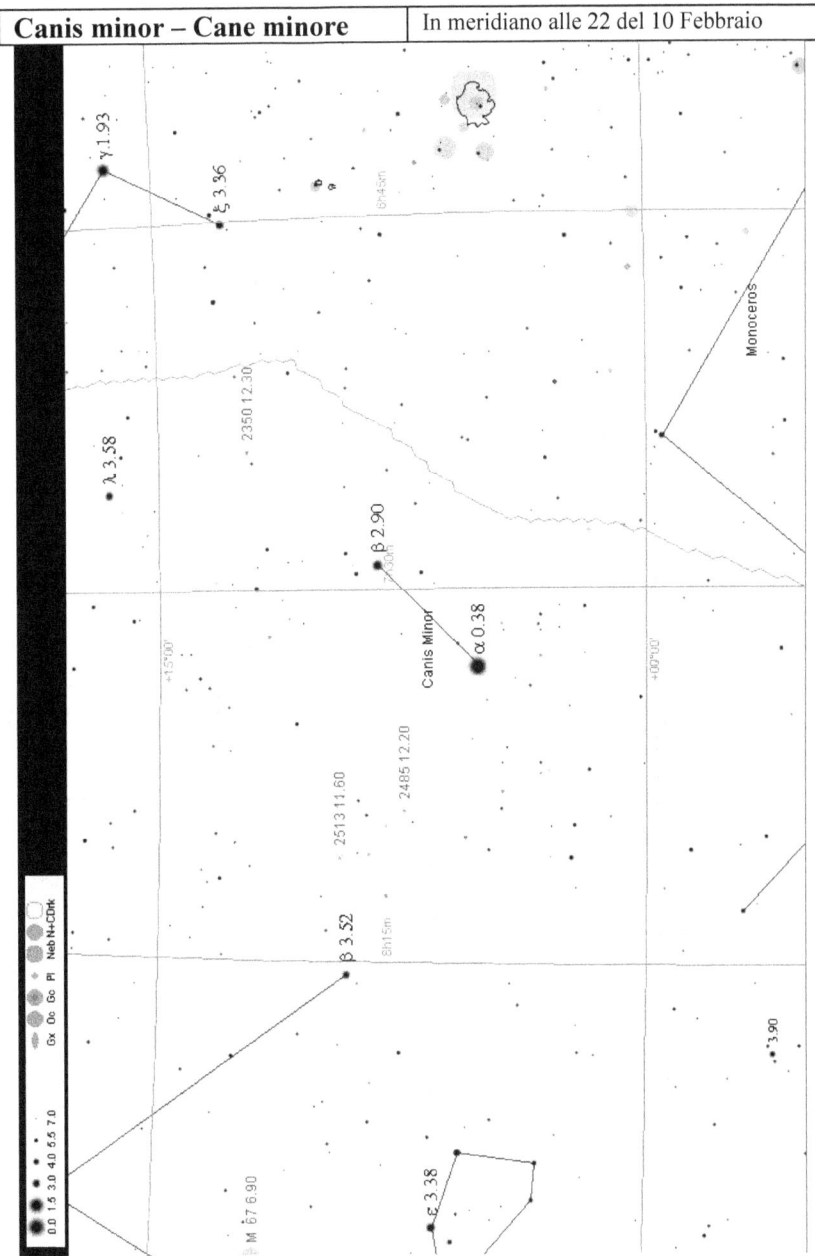

Descrizione
Il Cane minore è il compagno più piccolo del Cane maggiore. Secondo la mitologia greca, esso era uno dei due cani di Orione (l'altro è il Cane maggiore), ma anche il cane di Atteone.
Atteone era un mortale che un giorno, casualmente, vide la bellissima dea Artemide fare il bagno nuda in un laghetto. Egli fu così impressionato da cotanta bellezza che si fermò ad ammirarla. La dea però lo scoprì e furiosa, perché un misero mortale l'aveva vista nuda, lo trasformò in un cervo e lo face sbranare dai suoi stessi cani, tra cui il Cane minore.
La costellazione è formata solamente da due stelle. Nonostante ciò, è facile da individuare grazie alla presenza di Procione, la componente più brillante, uno dei vertici del cosiddetto triangolo invernale che si completa con Sirio e Betelgeuse, stella rossa della costellazione di Orione.
Anche a causa della sua piccola estensione non vi sono oggetti alla portata di strumenti amatoriali.

La costellazione del Cane minore, dominata dalla brillante Procione. A destra, debole, la sagoma della nebulosa Rosetta.

| Capricornus – Capricorno | In meridiano alle 22 del 1 settembre |

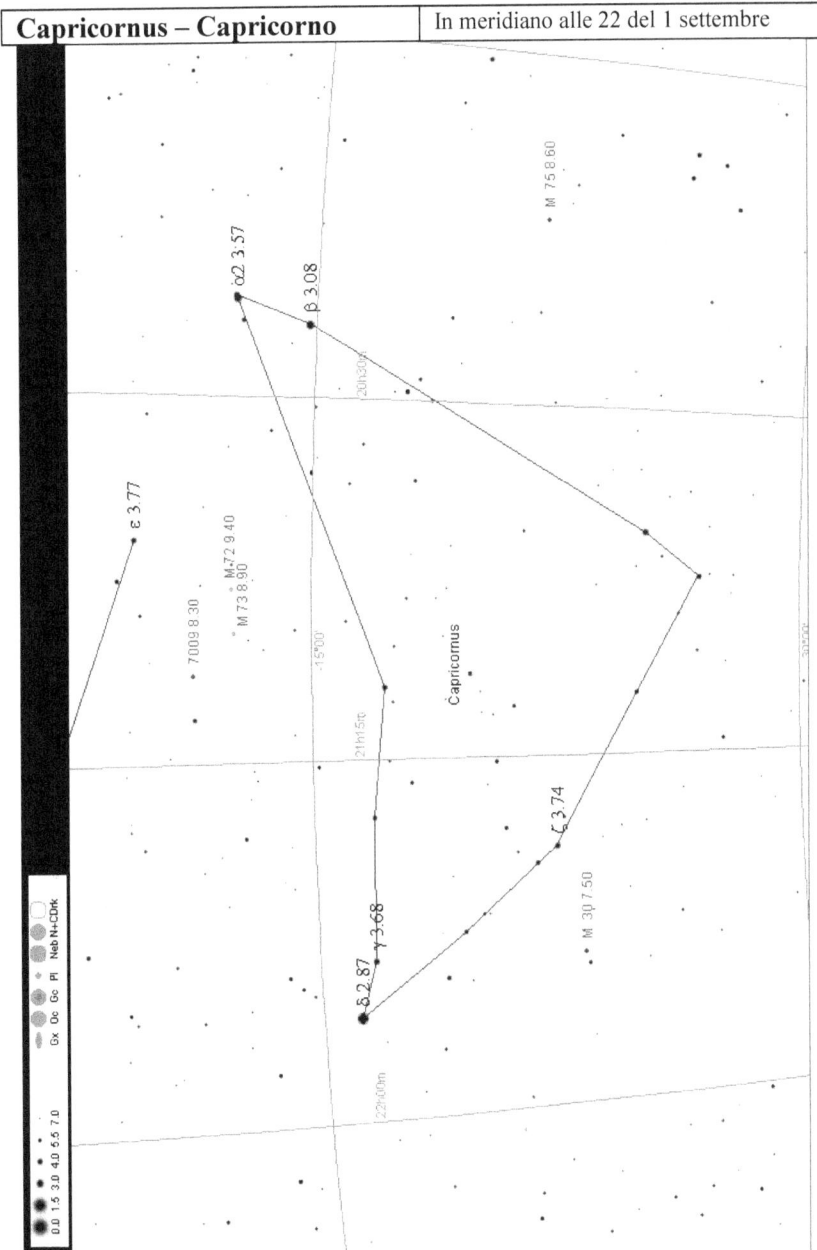

Descrizione
Il Capricorno è sostanzialmente una capra.
Questa figura in cielo venne identificata come tale già dagli antichi babilonesi. Gli antichi greci avevano attribuito a questa capra una coda di pesce. L'origine di questa particolare figura è probabilmente da attribuire all'identificazione con il dio Pan. Un giorno il dio, mentre cercava di sfuggire al mostro Tifone, scivolò nel fiume Nilo. La parte del corpo che si immerse nelle acque assunse la forma di un pesce, mentre il resto rimase immutato (a forma di capra).
Si tratta di una delle 12 (in teoria 13) costellazioni zodiacali, nella quale, migliaia di anni fa, il Sole raggiungeva il punto più basso nel suo percorso annuale nel giorno del solstizio d'inverno. A causa della precessione degli equinozi questo punto viene ora raggiunto nella vicina costellazione del Sagittario.
Si tratta di una costellazione molto ampia, formata da stelle deboli, quindi difficile da delineare perfettamente nel cielo. Inoltre è posta a declinazioni piuttosto negative, risultando sempre abbastanza bassa sull'orizzonte. E' situata ad est del Sagittario, in una zona povera di stelle, quindi anche di oggetti galattici.

Oggetti principali
M30: Unico oggetto degno di nota; si tratta di un ammasso globulare un po' debole (magnitudine 7,50) con un centro estremamente denso. Osservabile, a fatica, con i classici binocoli da 50 mm, si rivela evidente con ogni telescopio. Le sue stelle più luminose sono di magnitudine 12, quindi alla portata, seppure un po' al limite se non si ha un cielo perfetto, di strumenti a partire dai 150 mm.
Tenendo conto della bassa altezza sull'orizzonte e del conseguente assorbimento causato dall'atmosfera terrestre, questo ammasso, visto dall'Italia, è come se fosse almeno mezza magnitudine più debole (di più se si osserva dalla pianura, dove l'assorbimento atmosferico è notevole per oggetti bassi).

| Cassiopeia – Cassiopea | In meridiano alle 22 del 1 Novembre |

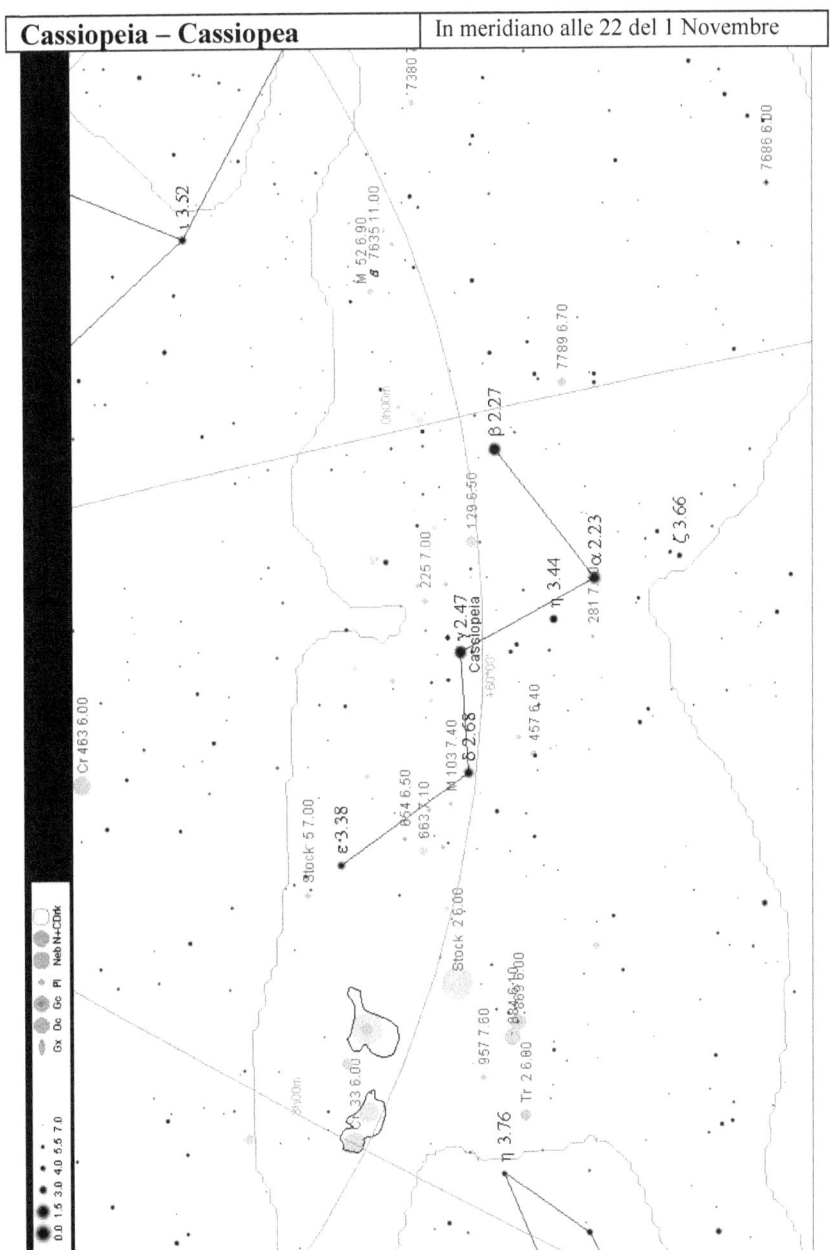

33

Descrizione
Secondo il mito greco, Cassiopea era la regina del regno d'Etiopia, moglie di Cefeo e madre di Andromeda. A causa della sua vanità fu duramente punita da Nereo, il dio del mare, che le devastò il regno. Secondo i miti romani, proprio a causa della sua vanità è incatenata al trono e spesso collocata a testa in giù nel cielo. Secondo gli arabi la costellazione rappresenta un cammello in ginocchio.
Si tratta di una figura estremamente semplice da individuare, grazie alla forma a *W* o *M* (a seconda del periodo dell'anno in cui si osserva). Cassiopea è formata da stelle brillanti e si trova nel pieno della Via Lattea, zona ricca di nebulose (molto deboli), ammassi aperti, stelle doppie.

Oggetti principali
M52: Piccolo ma grazioso ammasso aperto, facile da notare con un binocolo. Composto da 100 stelle, è bellissimo al telescopio.

NGC457: Ancora un ammasso aperto, forse il più bello dell'intera costellazione, sicuramente il più luminoso. In effetti non si sa come possa essere sfuggito al cacciatore di comete *Messier* nella compilazione del suo catalogo di oggetti diffusi. NGC457 dista circa 9000 anni luce e contiene diverse centinaia di componenti, le più brillanti delle quali cominciano a mostrarsi a binocoli da 50 mm (ed una buona vista). Ogni telescopio regala visioni appaganti, migliori quanto maggiore è il diametro strumentale.

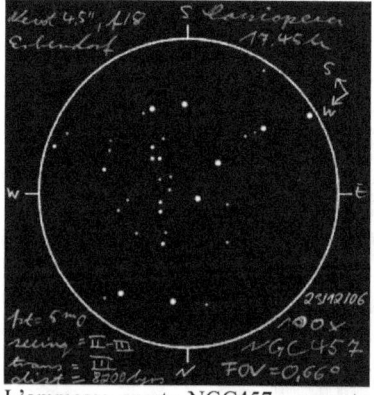
L'ammasso aperto NGC457 osservato con un telescopio Newton da 114 mm di diametro.

M103: Ammasso aperto, forse troppo piccolo e debole per essere osservato facilmente con un binocolo. Al telescopio, utilizzando ingrandimenti superiori alle 50 volte e strumenti da almeno 90 mm, si mostra molto bello.

NGC663: Altro ammasso aperto di piccole dimensioni, facile da osservare al telescopio.

NGC281: La famosa nebulosa *Pacman* (indovinate perché ha questo nome; ricordate il mitico videogioco degli anni 80?) è un obiettivo di molti astrofotografi. Come molte estese nebulose ad emissione, al telescopio è difficile da scorgere. Strumenti da 250 mm vi potranno mostrare solamente una pallida copia della meravigliosa figura visibile in una fotografia digitale a lunga esposizione.

NGC7635: Ancora una nebulosa ad emissione piuttosto conosciuta tra gli astrofotografi, soprannominata *Bubble nebula* (nebulosa bolla). Nonostante una magnitudine integrata (totale) pari a 6,9, è un oggetto molto elusivo. Facile da catturare in fotografia anche con semplici obiettivi fotografici, al telescopio si può solo intuire a partire da diametri di 250 mm. La regione è facile da trovare perché a poca distanza sud-ovest dall'ammasso aperto M52 e a ridosso di una stella di ottava magnitudine. Non è raro, in questi casi, trovare facilmente la posizione esatta con il proprio strumento ma non rendersene conto, semplicemente perché la nebulosa non è visibile o al limite della percezione!

La nebulosa *Pacman* in una fotografia a lunga esposizione.

La *Bubble nebula* in una fotografia digitale.

| Cepheus – Cefeo | In meridiano alle 22 del 1 Ottobre |

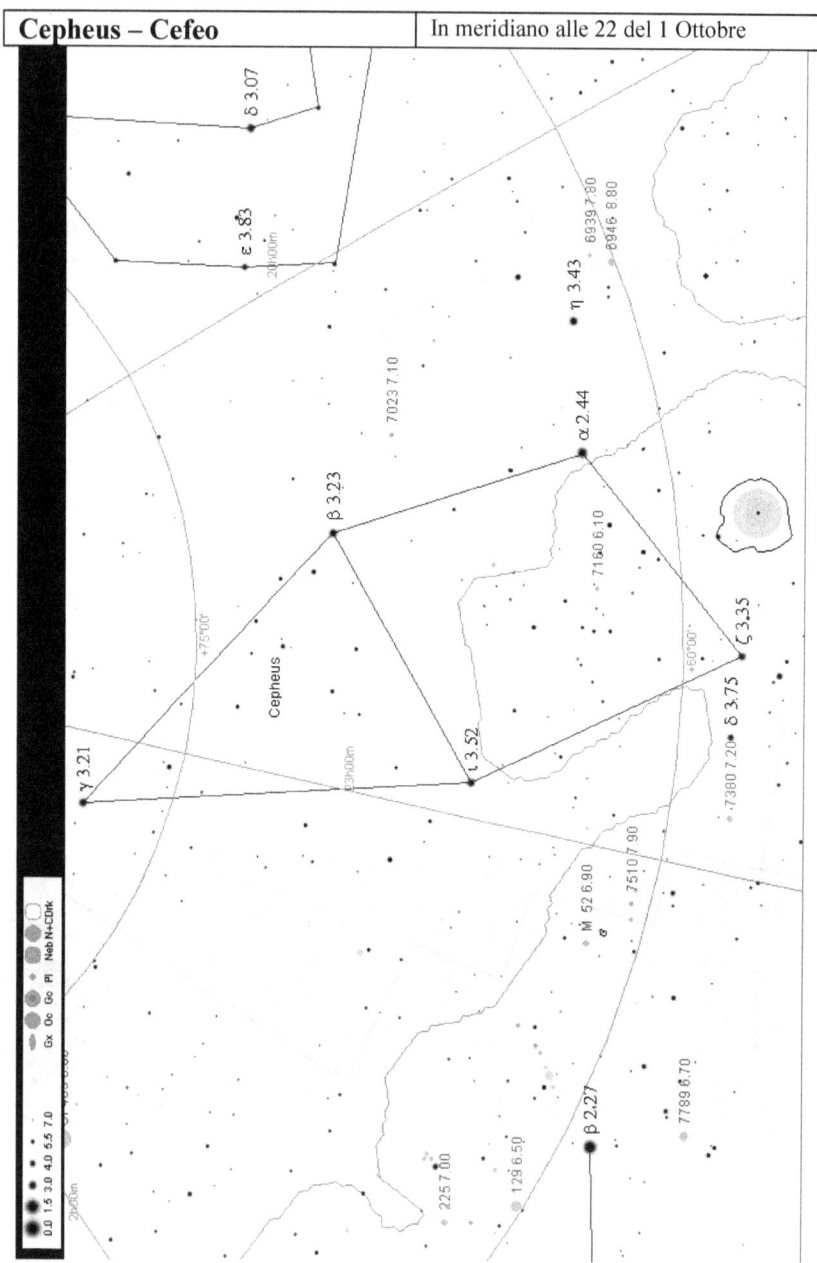

Descrizione
Secondo i greci Cefeo era un re dell'antico regno di Etiopia, termine usato per indicare l'intero continente africano, marito di Cassiopea e padre di Andromeda, che vide il proprio regno devastato dalla furia di Nereo, in conseguenza della vanità della moglie.
Cefeo è una costellazione circumpolare, piuttosto debole e difficile da individuare. Ha la forma tipica di una casa con il tetto aguzzo, posizionata tra Cassiopea e Drago. Situata ai confini della Via Lattea invernale, la culminazione nel cielo segna l'inizio della stagione autunnale.

Oggetti principali
Delta Cephei: Non è un oggetto diffuso ma una stella estremamente importante, perché capostipite di una classe di variabili chiamate proprio cefeidi. Le cefeidi sono stelle che variano la propria luminosità a causa di pulsazioni dell'intera struttura che ne modificano il raggio, quindi la luminosità emessa. Delta cefei varia tra la magnitudine 3,5 e la 4,4 in un periodo di soli 5,4 giorni.
Nei primi anni del 900 fu scoperto che il periodo di pulsazione di queste stelle è collegato (proporzionale) alla loro luminosità assoluta (energia emessa ogni secondo). Calcolando la distanza di alcune di esse attraverso altri metodi (ad esempio la parallasse), la grande astronoma *Herrietta Leavitt* poté collegare in modo preciso il periodo di pulsazione e la luminosità. Conoscendo la luminosità assoluta si può conoscere facilmente la distanza analizzando la luce che riceviamo a Terra. La grande luminosità di queste stelle le rende visibili a distanze di decine di milioni di anni luce, anche in altre galassie.
Negli anni venti del 900 l'astronomo americano *Edwin Hubble* riuscì a fotografare una variabile Cefeide in quella che si pensava essere la nebulosa di Andromeda, un oggetto ritenuto appartenere alla Via Lattea. Calcolando il periodo di pulsazione scoprì la distanza, e capì che quell'oggetto in apparenza nebuloso era in realtà una galassia contenente centinaia di miliardi di stelle. L'universo conosciuto, fino ad allora confinato alla nostra galassia, si espanse indefinitamente.

NGC7160: Piccolo ammasso aperto esteso solamente 7', contenente una ventina di stelle tutte visibili con strumenti da almeno 100 mm.

NGC7023: Meglio conosciuta come nebulosa Iris, è un ammasso aperto avvolto da una tenue nebulosa principalmente a riflessione, quindi dalla tipica colorazione azzurra. L'ammasso è visibile con ogni strumento, sebbene non sia uno dei più cospicui, mentre la nebulosa è riservata ai moderni sensori digitali.

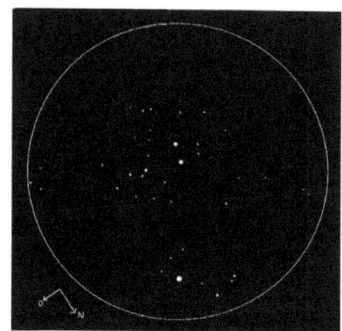

Il piccolo ammasso aperto NGC7160 attraverso uno strumento di 150 mm.

NGC6946: Debole galassia a spirale vista quasi di fronte, al confine con la costellazione del Cigno. Ottimo obiettivo per i fotografi, meno per i visualisti. Come ogni spirale vista di fronte, si presenta piuttosto evanescente e trasparente, tanto che per individuarla con certezza è necessario uno strumento da 150 mm ed un cielo molto scuro.
Purtroppo non esistono filtri o metodi per aumentare la visibilità delle galassie, al contrario delle nebulose ad emissione che beneficiano abbastanza dei cosiddetti filtri nebulari, a patto di usarli in accoppiata ad aperture di almeno 200 mm.

Ripresa a lunga esposizione della nebulosa Iris, bellissima zona a riflessione, purtroppo estremamente difficile da osservare.

La galassia NGC6946 è molto evanescente al telescopio, tanto che per intravederla serve uno strumento da almeno 150 mm.

| Cetus – Balena | In meridiano alle 22 del 10 Novembre |

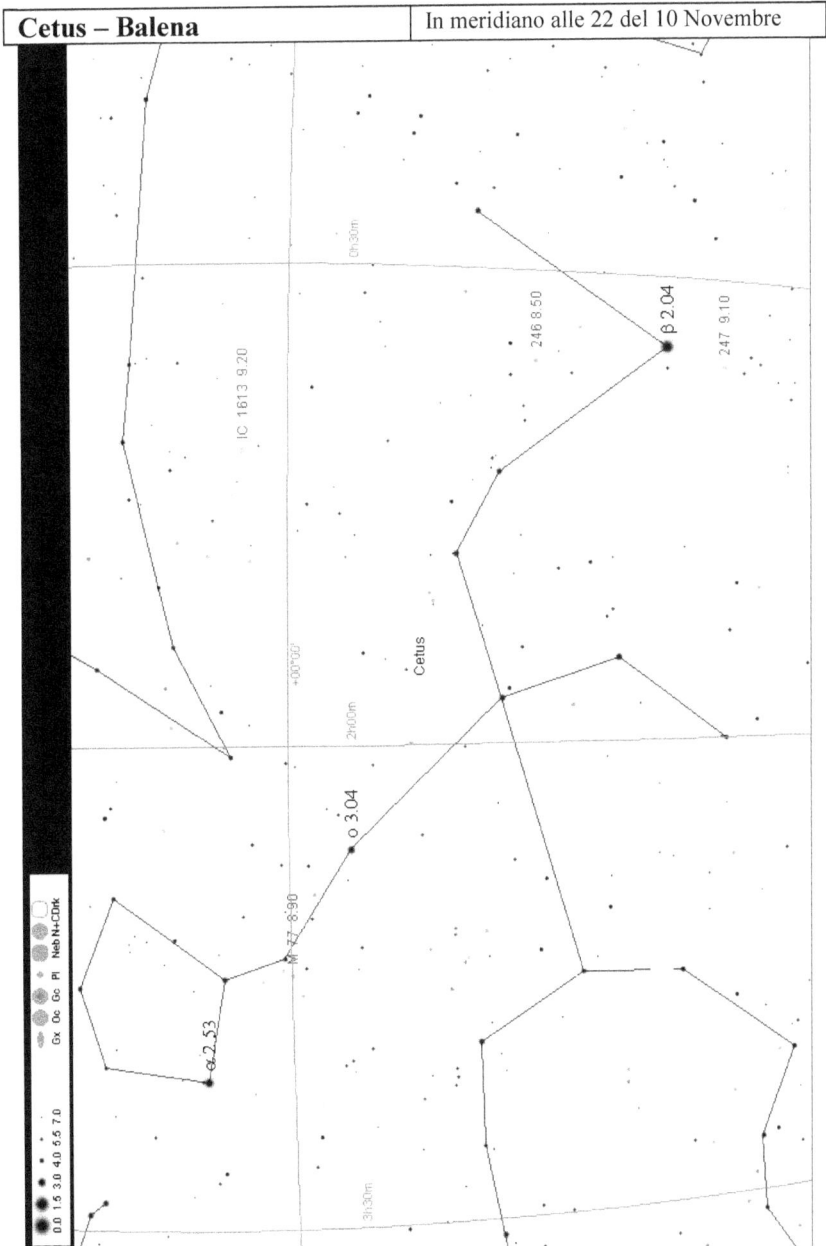

Descrizione

La Balena, secondo i greci, era il mostro che Perseo aveva sconfitto poco prima che mangiasse Andromeda, figlia di Cefeo e Cassiopea, data da loro in sacrificio per placare le ire di Nereo.

Si tratta di una costellazione molto estesa nel cielo. La parte nord è facile da identificare poiché formata da stelle che disposte in una specie di pentagono rovesciato. Da questo asterismo abbastanza evidente possiamo individuare tutta la figura della Balena.

Situata lontano dalla Via lattea, appena al di sotto dell'eclittica, contiene pochi oggetti luminosi, quasi tutte galassie.

Oggetti principali

M77: Galassia a spirale abbastanza debole, ma facilissima da individuare perché a ridosso della stella delta della costellazione. Solamente un telescopio di almeno 100 mm è in grado di mostrare, oltre al nucleo brillante e di apparenza stellare, un debolissimo alone costituito dai bracci a spirale, osservabili solo con grandi strumenti oltre i 300 mm.

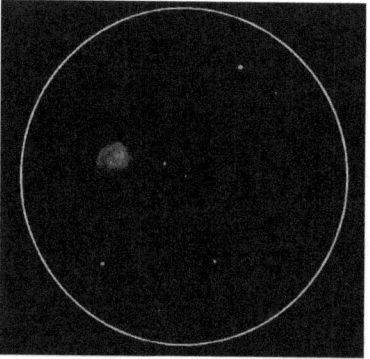

M77 osservata attraverso un telescopio da 250 mm comincia a mostrare segni di irregolarità.

Mira: La stella omicron (o) è molto particolare. Qualche volta è visibile ad occhio nudo e brilla di magnitudine 3, altre volte sparisce completamente, diventando di magnitudine 9,3, al limite delle possibilità di un binocolo da 50 mm. Questo comportamento così bizzarro le ha valso l'appellativo di mira, ovvero meravigliosa.

Mira è la capostipite di una classe di stelle pulsanti dette variabili mira, simili alle cefeidi.

Quasi tutte le stelle variabili sono giunte negli stadi finali e tumultuosi della propria vita, che concluderanno a seconda della loro massa, in un tempo variabile tra qualche milione e qualche centinaio di milioni di anni.

| Coma Berenices – Chioma di Berenice | In meridiano alle 22 del 1 Maggio |

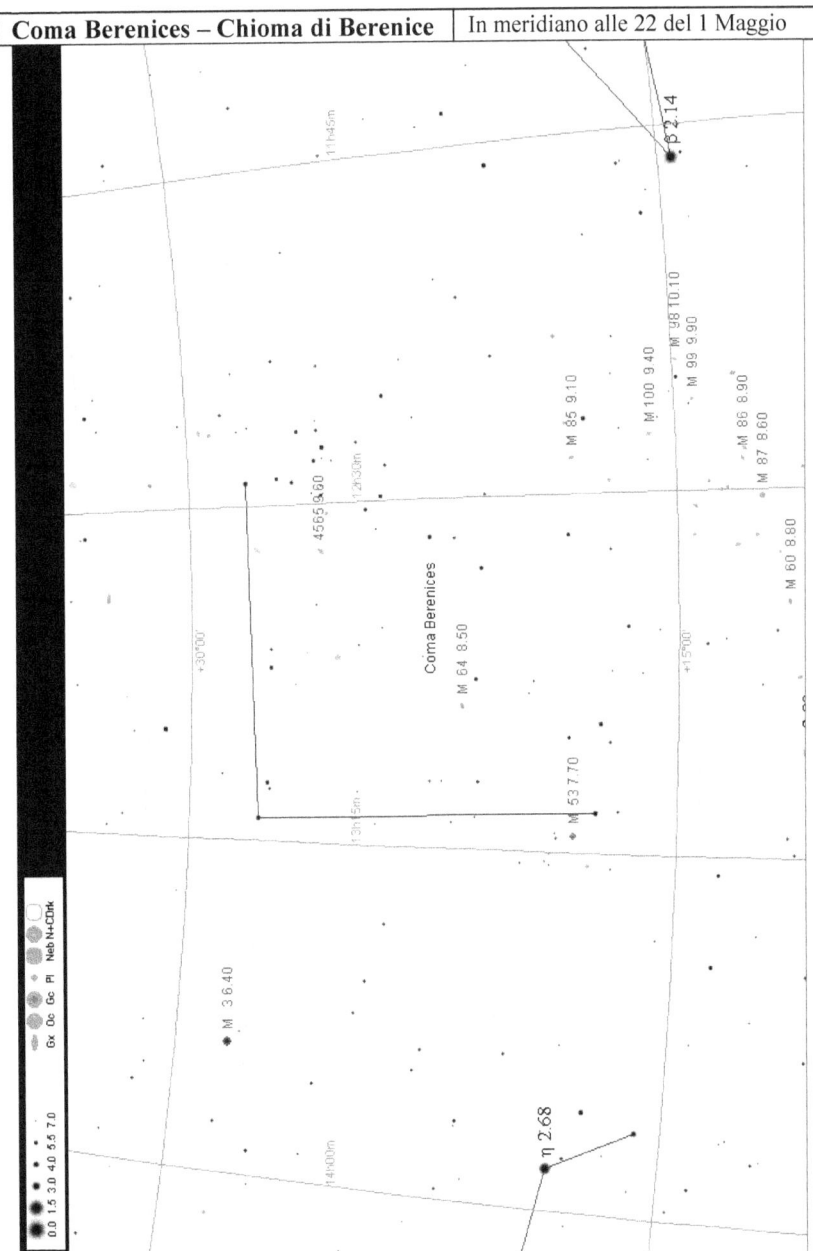

Descrizione
Berenice era la moglie del faraone Tolomeo III, la quale aveva promesso di sacrificare ad Afrodite la sua bella chioma bionda se il marito fosse tornato indenne dalla guerra. Il merito torno e lei si tagliò la sua chioma, che fu posta nel tempio, ma dopo poco sparì. L'aveva presa Afrodite, rimasta colpita da quel dono, che lo mise nel cielo e lo rese così immortale.
La chioma di Berenice è una costellazione poco appariscente ma che in cielo occupa un'area ricchissima di deboli galassie, molte facenti parte dell'ammasso della Vergine. Un telescopio di almeno 80 mm vi mostrerà decine di piccoli fiocchietti in un'area di cielo di una decina di gradi, che si estende anche e soprattutto alla vicina costellazione della Vergine.

Oggetti principali
M64: Galassia a spirale abbastanza luminosa da rendersi visibile con ogni strumento. La particolarità, che le ha valso il nome, è una striscia oscura di polveri che attraversa ed oscura in parte il nucleo brillante. "L'occhio nero" è visibile, seppure a fatica, con uno strumento di 100 mm. Per molte galassie deboli, un diametro strumentale maggiore fa apparire l'oggetto più luminoso e contrastato, ma raramente mette in mostra molti più dettagli, a meno di non avere a disposizione un dosso superiore ai 300 mm.

M100: Galassia a spirale, questa volta vista di fronte. Appare di forma quasi perfettamente sferica, con un nucleo molto brillante, tanto da offuscare l'alone esterno se osservata con strumenti minori di 100 mm. Benché meno luminosa e angolarmente meno estesa, è più facile da osservare rispetto ad oggetti più brillanti e vicini, come le elusive M101 ed M33.

M88: Altra galassia a spirale, di luminosità simile ad M100, vista più di profilo e per questo motivo leggermente più allungata. Ottimo obiettivo di uno strumento da 200 mm.

M53: Piccolo e debole ammasso globulare tra una giungla di galassie. Facilissimo da rintracciare immediatamente ad est della stella α, ha un ridotto diametro angolare e risulta meno spettacolare di tanti altri "colleghi".

NGC4565: Una bellissima e relativamente luminosa galassia a spirale vista esattamente di profilo, la più luminosa della sua categoria. Si tratta di un oggetto spettacolare che appare allungatissimo e con un nucleo non troppo brillante. Uno strumento da almeno 200 mm regala un'immagine da togliere il respiro, con una sottile banda oscura che divide a metà il disco galattico.

La splendida spirale NGC4565 come appare attraverso uno strumento da 250 mm e 100 ingrandimenti.

Se il cielo è scuro si ha la sensazione di osservare una specie di disco volante fluttuare nello spazio. Pensate che questo disco è distante 52 milioni di anni luce e come tutte le altre galassie contiene miliardi di stelle e di pianeti.
La Via Lattea, se vista di profilo, non dovrebbe essere troppo dissimile da questo spettacolare disegno cosmico.

Immagine a lunga esposizione di NGC4565 eseguita con uno strumento da 250 mm. Notate le differenze con il disegno sopra.

M100 è una bellissima galassia a spirale vista quasi di fronte. Facile, seppure priva di dettagli, da osservare con ogni strumento.

43

| Corona Borealis – Corona boreale | In meridiano alle 22 del 30 Giugno |

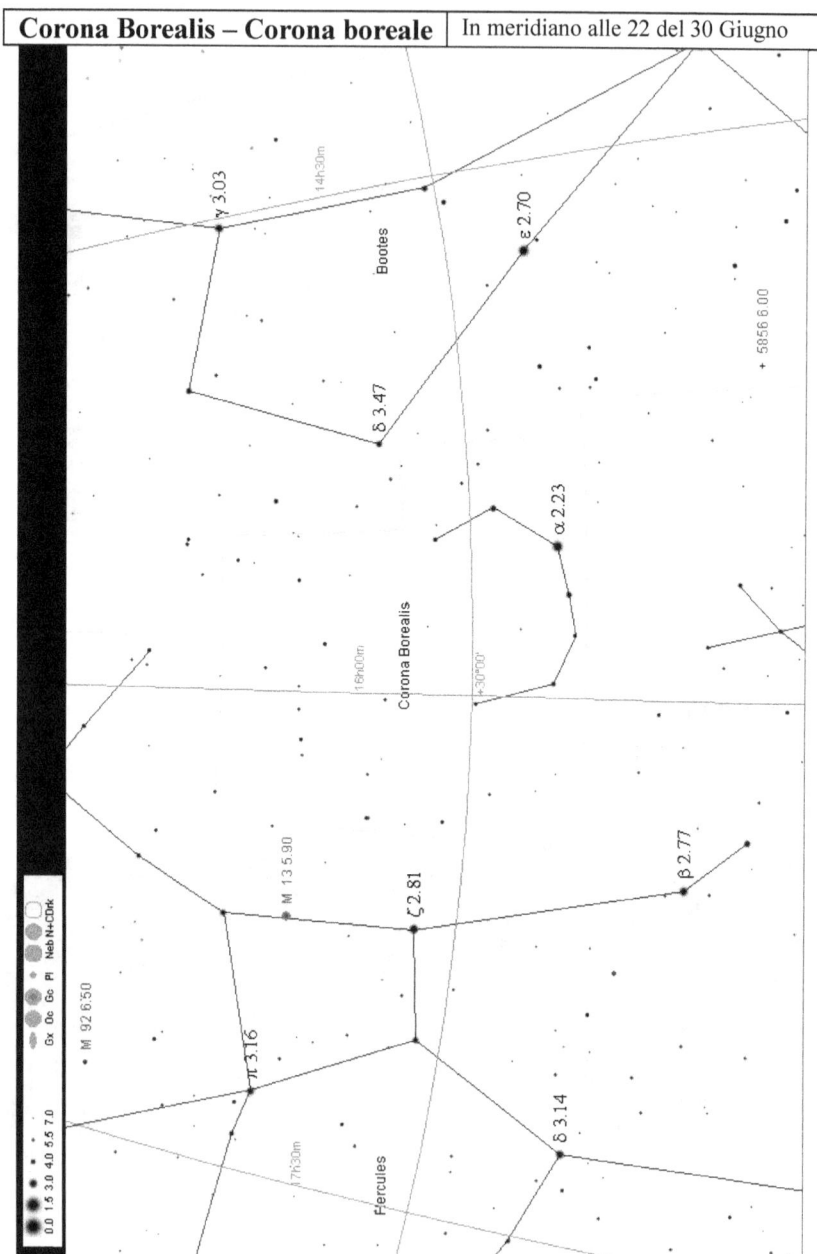

Descrizione
La corona che raffigura questa costellazione, secondo il mito greco, apparteneva ad Arianna, figlia del re di Creta Minosse. Arianna fu abbandonata da Teseo e corteggiata da Dioniso, travestito da essere umano; egli fu rifiutato proprio perché (in apparenza) mortale.
Per dimostrare la sua natura divina e immortale, Dioniso le strappò la corona e la scagliò in cielo, andando a formare questa costellazione. Arianna si convinse e sposò il dio, guadagnando così l'immortalità.
Il nome corona boreale deriva dalla distinzione con l'altra figura appartenente all'emisfero australe, chiamata corona australe.
La costellazione è piccola e formata di stelle deboli, ad eccezione di α, di luminosità solo leggermente inferiore alla stella Polare. Posta tra le imponenti figure di Ercole e pastore (Bootes) è identificabile con relativa facilità grazie all'inconfondibile forma che disegna in cielo.
Non contiene oggetti diffusi di rilievo, a causa della lontananza prospettica dal disco galattico e della piccola superficie occupata.

L'inconfondibile figura della corona boreale.

| Corvus et Crater – Corvo e Coppa | In meridiano alle 22 del 20 Aprile |

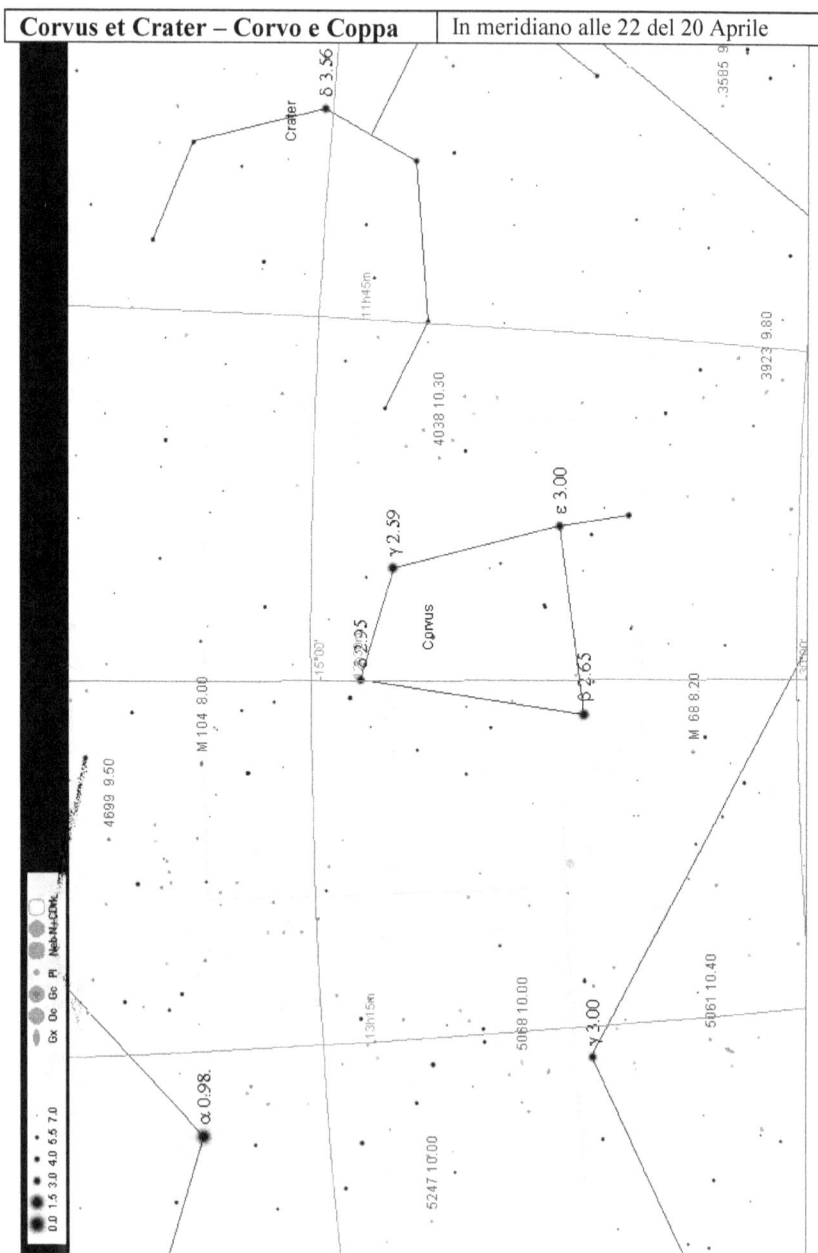

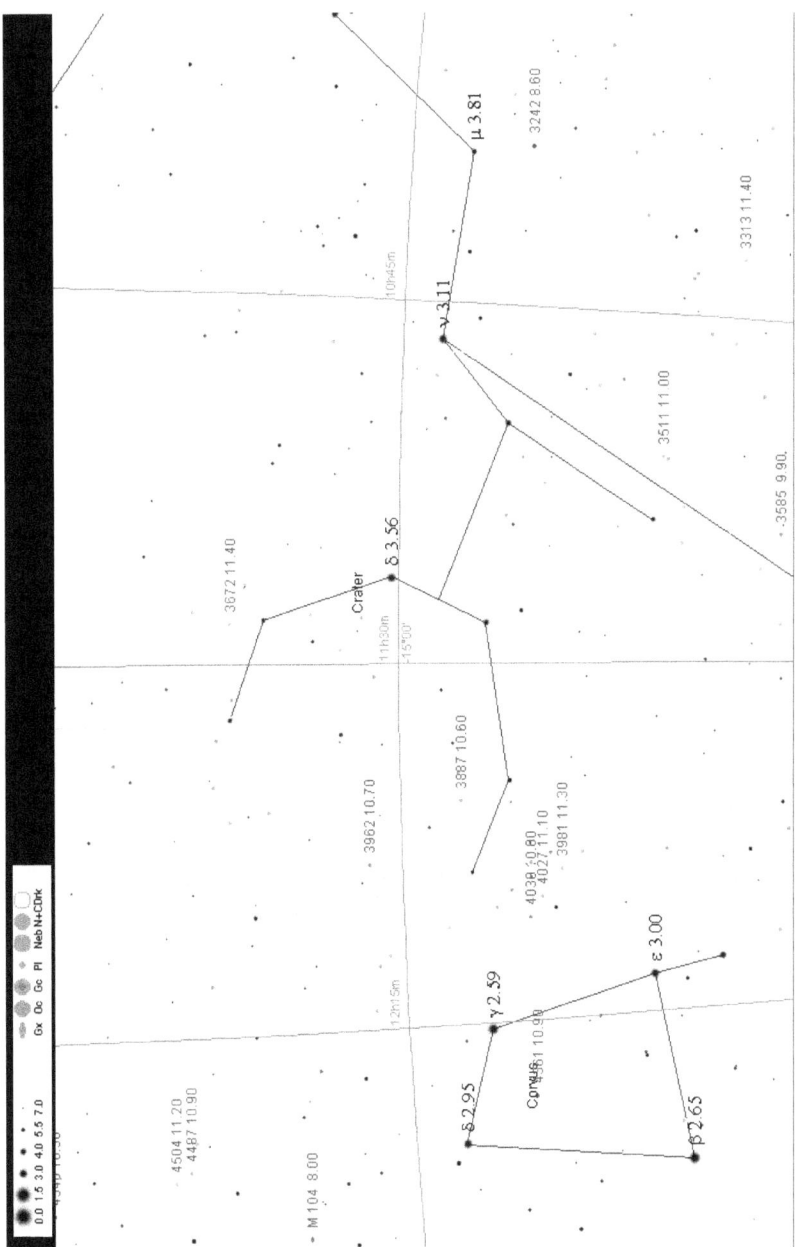

Descrizione
Apollo, il dio del Sole, decise di mandare il Corvo ad attingere una coppa d'acqua. L'uccello però impiegò troppo tempo perché si era fermato ad aspettare la maturazione dei fichi vicino alla fontana. Per giustificare il ritardo, si presentò al cospetto del dio con una coppa d'acqua ed un serpente d'acqua (Idra) tra le zampe, dicendo che aveva dovuto combattere contro il mostro acquatico. Apollo scoprì la bugia e spedì, per punizione, il corvo, la coppa d'acqua e il serpente in cielo, andando a formare le omonime costellazioni. La coppa è stata posta ad ovest del corvo, alla portata del suo becco, ma circondato dall'imponente serpente che gli impedisce di abbeverarsi.
Corvus e Crater è una costellazione doppia, formata da stelle piuttosto deboli, fortunatamente abbastanza facili da individuare perché poste in una zona di cielo molto povera di astri brillanti. La vicinanza della brillante Spica, della costellazione della Vergine, è un ottimo riferimento per la loro individuazione.

Oggetti principali
NGC4038-4039: Celeberrima coppia di galassie in interazione, soprannominate galassie con le antenne. Le due spirali si stanno attraversando e modificando radicalmente. Questo scontro porterà alla fusione delle due componenti ed alla successiva formazione, tra qualche decina di milioni di anni, di una gigantesca galassia ellittica simile ad M87, nella costellazione della Vergine. Nell'Universo sono
Le galassie con le antenne osservate in uno strumento da 250 mm.
numerosi gli esempi di galassie in collisione, eventi abbastanza comuni, ma spesso non osservabili con telescopi amatoriali. Le galassie con le antenne, invece, sebbene deboli, sono visibili con strumenti a partire da 200 mm.

| Cygnus – Cigno | In meridiano alle 22 del 20 Agosto |

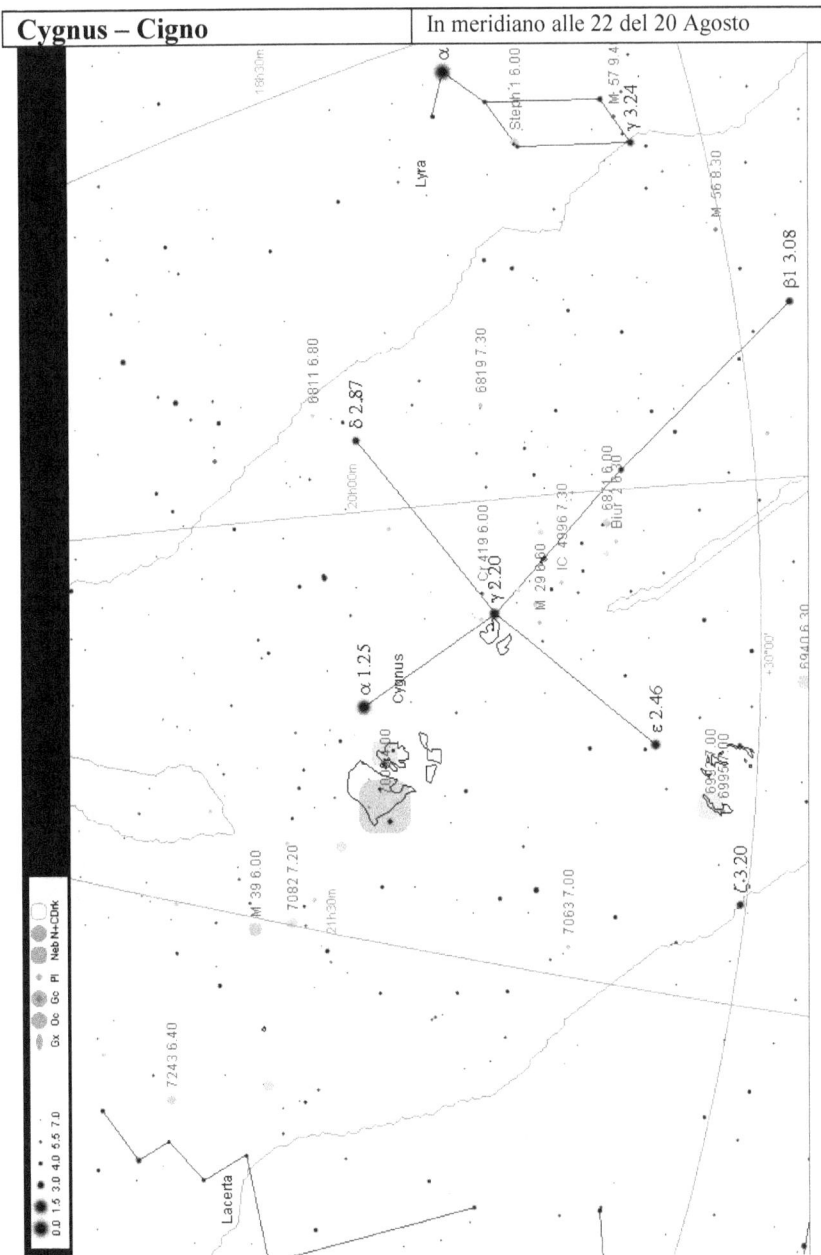

49

Descrizione
Costellazione associata ad un uccello dagli antichi Babilonesi. Secondo la mitologia greca, il Cigno è identificato con Orfeo, eroe della Tracia. Orfeo suonava così bene la lira che veniva ascoltato dagli animali e dalle piante, trasportato in cielo dagli dei per stare vicino al suo amato strumento musicale. Un altro mito associa al Cigno la figura di Zeus, il quale si trasformò nell'elegante animale per sedurre Leda di Sparta.
Il Cigno è una costellazione estiva a forma di croce, molto alta sull'orizzonte per le località italiane. Nel mezzo del disco della Via Lattea, la costellazione pullula di stelle, ammassi aperti e grandi nebulose, sia ad emissione che oscure. Queste ultime sono perfettamente visibili ad occhio nudo e sembrano dividere la Via Lattea in due.

Oggetti principali
M39: Ammasso aperto, come tanti ve ne sono in questa costellazione. Visibile facilmente con un binocolo, merita uno sguardo a bassi ingrandimenti con un piccolo telescopio, grazie al campo pieno di deboli stelle appartenenti al disco galattico.

NGC7000: La famosa nebulosa Nord America è un complesso nebulare ad emissione dalla forma veramente somigliante al continente nord americano.
Nelle notti davvero buie e trasparenti è visibile anche ad occhio nudo, prospetticamente vicino a Deneb, la stella α della costellazione, quindi la più luminosa. Con un binocolo da 50 mm

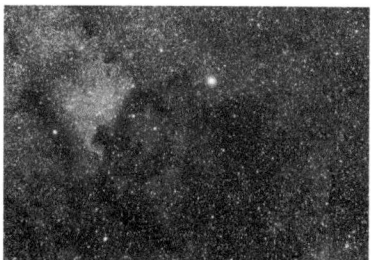
La splendida nebulosa Nord America si trova a poca distanza dalla splendente Deneb ed è visibile (a fatica) anche ad occhio nudo.

appare molto evidente; un binocolo da 80 mm mostra chiaramente la forma. E' uno di quegli oggetti che non da il meglio di se al telescopio, risultando sempre molto debole. Meglio contemplarla con un buon binocolo.

NGC6960-6992-6995: La nebulosa Velo è ciò che resta dell'immane esplosione di una stella (supernova), risalente a centinaia di migliaia di anni fa. E' un oggetto tipicamente telescopico, riservato a strumenti di 150 mm. Alcuni osservatori riescono a scorgerla addirittura con binocoli da 80 mm, ma questa osservazione richiede esperienza ed una certa acuità visiva. Data la sua enorme estensione, possiamo osservarne solo delle porzioni. La parte più evidente si trova prospetticamente sovrapposta alla stella 52 *Cygni*.

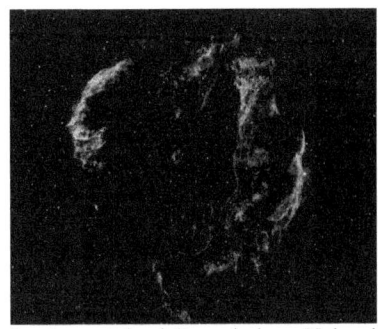

La tenue tela della nebulosa Velo si estende per molti gradi a cavallo della stella 52 *Cygni*, osservabile a fatica solo con strumenti da almeno 150 mm.

NGC6826: Piccola nebulosa planetaria soprannominata *Blinking nebula* (nebulosa intermittente), dal diametro di una trentina di secondi d'arco. Visibile con qualsiasi telescopio in grado di restituire almeno 100 ingrandimenti, da il meglio di se con strumenti di almeno 150 mm. Il suo nome deriva dal fatto che la stella centrale che l'ha generata, una nana bianca, è molto più luminosa della nebulosa, che quindi tende a scomparire se osservata in visione diretta.

β Cygni, Albireo: Si tratta forse della stella doppia più bella di tutto il cielo. Le due componenti principali sono separate da 34", alla portata di qualsiasi telescopio con almeno 50 ingrandimenti. La stella più brillante è chiaramente arancione, mentre l'altra è azzurra: il contrasto dei colori rende questa doppia davvero bellissima.

Albireo è la stella doppia più bella del cielo, dai colori stupefacenti e facile da osservare con ogni telescopio.

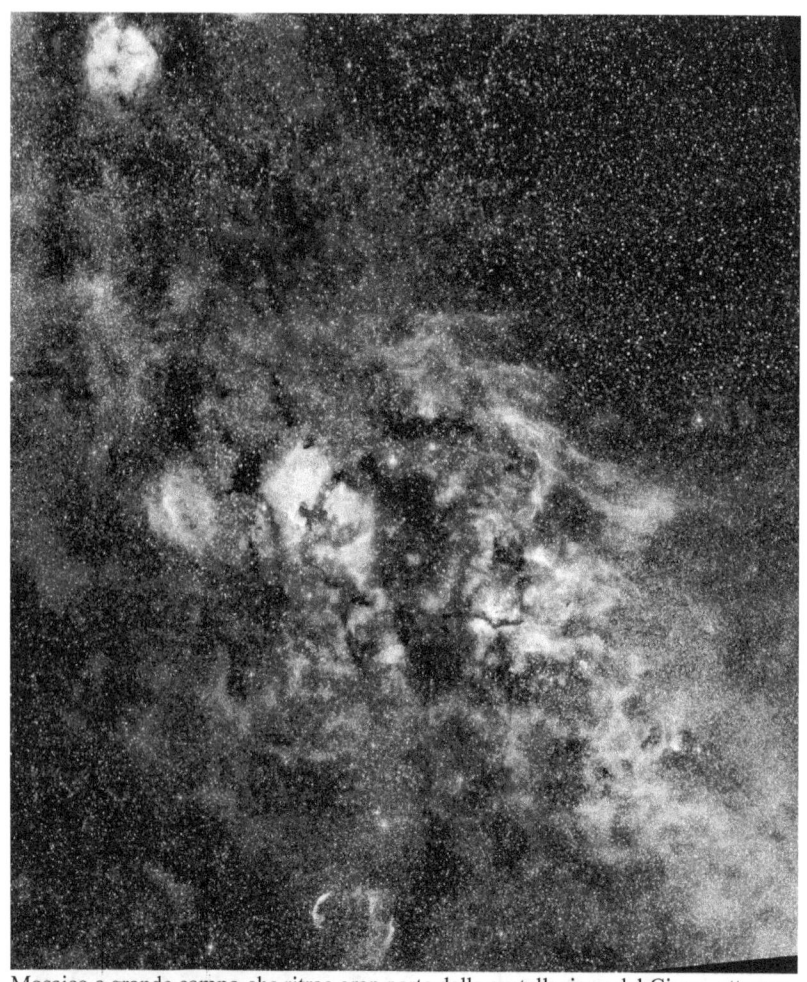

Mosaico a grande campo che ritrae gran parte della costellazione del Cigno, attraverso un filtro H-alpha, centrato sull'emissione principale delle nebulose. La stelle brillante al centro, a destra della sagoma inconfondibile della nebulosa Nord America, è Deneb, la componente più luminosa della costellazione.
Questo è quello che vedrebbero i nostri occhi se fossero sensibili come il sensore CCD utilizzato per questa ripresa.

| **Delphinus – Delfino** | In meridiano alle 22 del 1 Settembre |

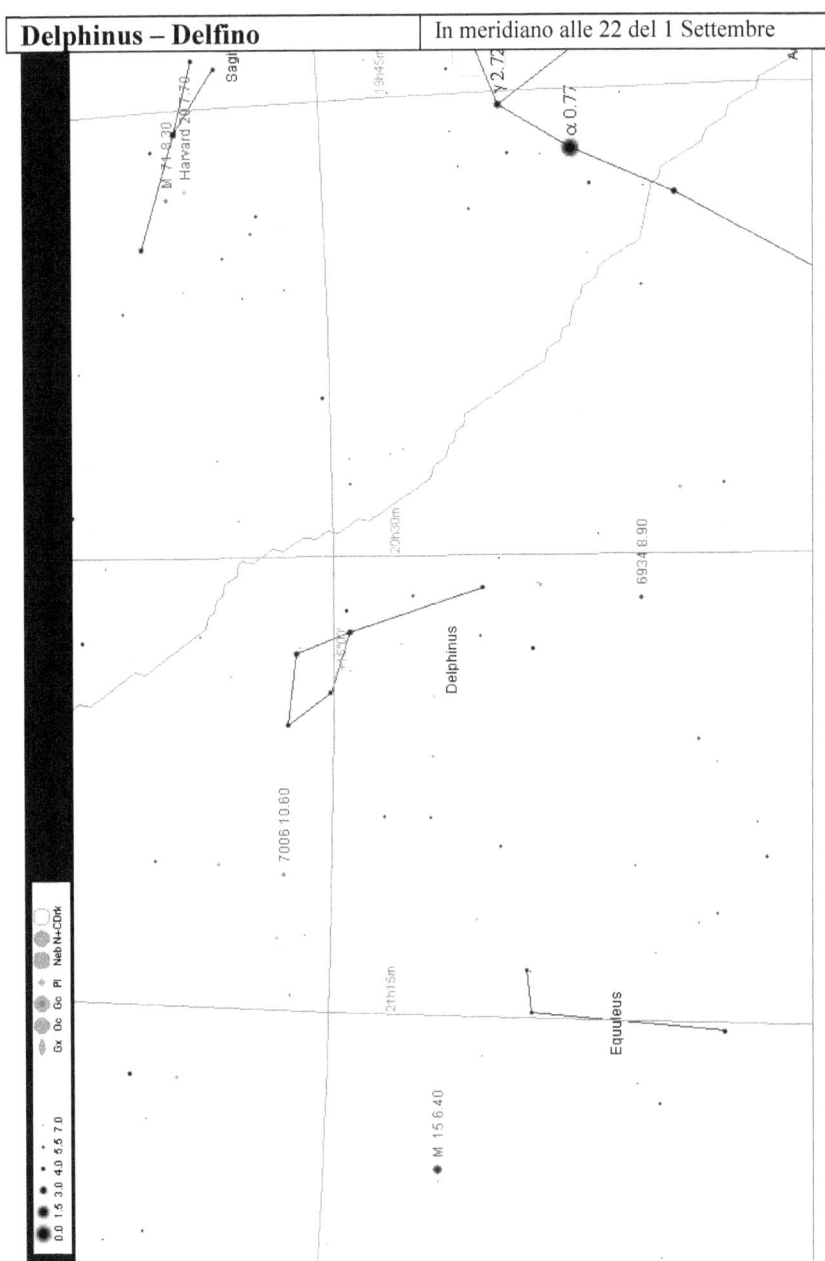

53

Descrizione
Gli antichi hanno sempre visto in questa piccola costellazione la figura di un delfino. Secondo i greci, attraverso la mediazione ed il consiglio di un delfino, la sirena Anfitrite accettò, alla fine, di sposare Poseidone. Il dio del mare fu così riconoscente al mammifero del mare che lo pose tra le stelle.
Il Delfino è tra le costellazioni più piccole del cielo, ma è facile da riconoscere. La sua figura ricorda vagamente la forma delle Pleiadi, ammasso aperto nella costellazione del Toro.
Data l'esigua estensione e la lontananza dal disco galattico, non vi sono oggetti degni di nota, se non un piccolo ammasso globulare, **NGC 7006**, abbastanza debole anche con strumenti da 200 mm.

La piccola ma ben identificabile costellazione del delfino, proprio ad est dell'estesa figura dell'Aquila, dominata dalla brillante Altair.

| Draco – Drago | In meridiano alle 22 del 1 Luglio |

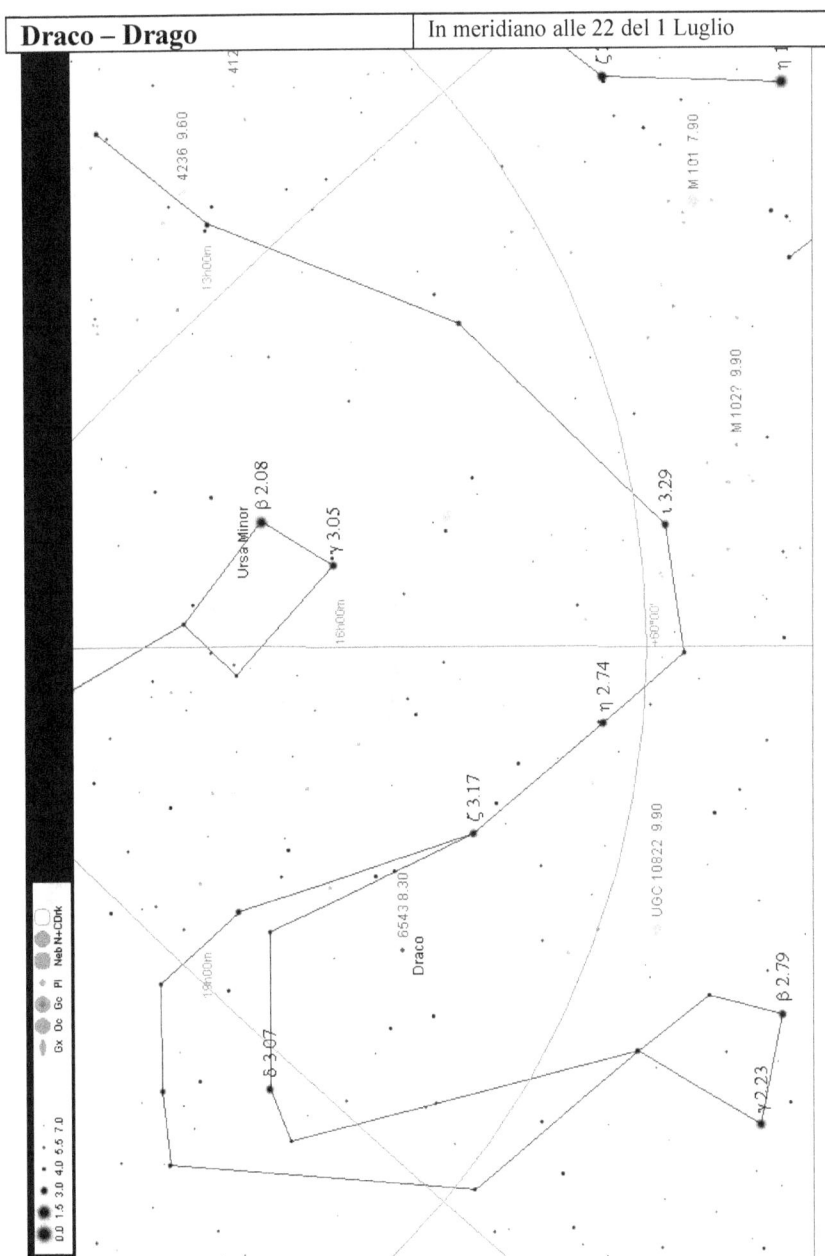

Descrizione
In questa figura tortuosa e di difficile identificazione, molti popoli dell'antichità videro un drago, tra i quali Caldei, Greci e Romani.
La figura del drago nella mitologia greca è molto utilizzata.
Ercole uccise un drago che faceva da guardia al giardino delle Esperidi, nel quale crescevano mele d'oro, mentre Atena lanciò in cielo un drago che l'aveva attaccata durante la battaglia con i Titani.
La costellazione è una delle più difficili da individuare, perché molto estesa, tortuosa e composta da stelle deboli. E' quasi del tutto circumpolare e contiene, date le sue dimensioni, numerosi oggetti, perlopiù extragalattici, però piuttosto deboli e difficili da osservare. Nell'antichità, la stella più luminosa della costellazione, α , detta anche *Thuban*, indicava il polo nord celeste, al posto della Polare.

Oggetti principali
NGC6543: Nebulosa planetaria denominata occhio di gatto; piccola ma molto bella, di magnitudine 8, facile da vedere anche con un binocolo. Come tutte le planetarie, il problema dell'osservazione non è nella luminosità, ma nelle scarse dimensioni apparenti. NGC6543 non fa eccezione, essendo estesa per soli 20". Utilizzando uno strumento da almeno 80 mm a 100 ingrandimenti vedrete un oggetto davvero interessante.

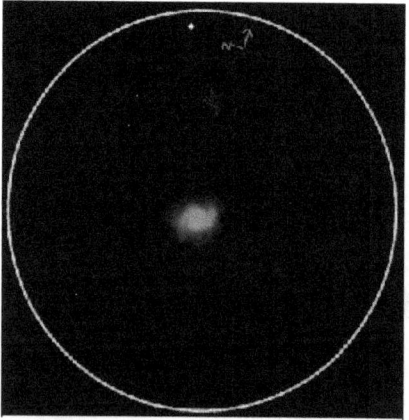

La delicata forma di NGC6543 come appare all'oculare di uno strumento da 200 mm a 200 ingrandimenti.

Telescopi superiori ai 150 mm cominceranno a mostrarvi, debolmente, anche un accenno di colore nelle parti più interne. Le nebulose planetarie, in effetti, sono gli oggetti diffusi che con maggiore facilità possono mostrarci deboli tonalità verdi-azzurre.

| Equuleus – Cavallino | In meridiano alle 22 del 1 Settembre |

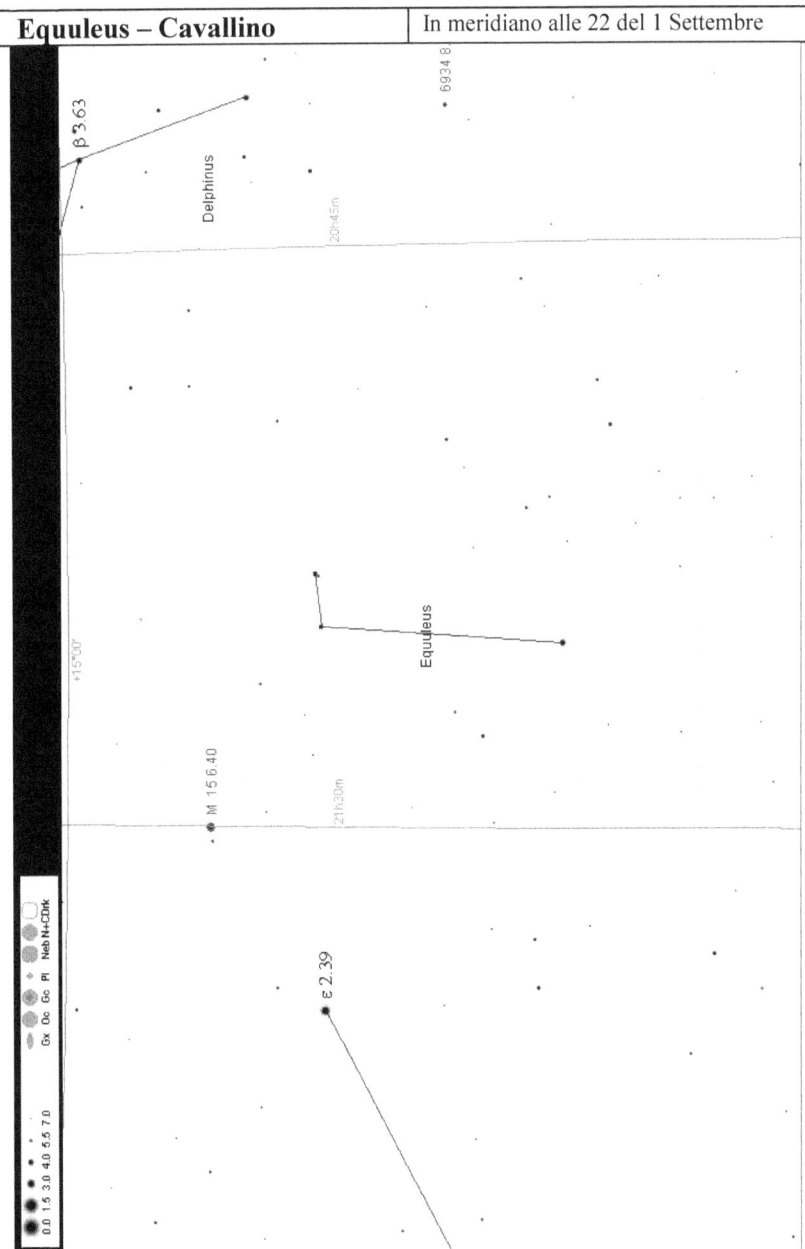

Descrizione
Costellazione identificata solamente nel II secolo a.c. dal famoso astronomo greco Ipparco, autore, tra l'altro, della prima scala per la misura delle luminosità stellari, la magnitudine. Il Cavallino rappresenta, probabilmente, il cavallo Celeris, fratello di Pegaso, donato a Castore da Mercurio.
Il Cavallino è la seconda costellazione più piccola del cielo, la più piccola di quello boreale, poiché il record spetta alla croce del sud, invisibile dalle nostre latitudini. Posto a sud-est del delfino, non contiene oggetti di rilievo e contrariamente ad esso è piuttosto difficile da individuare. Le linee che congiungono le stelle di questa costellazione non sono interpretate univocamente. Alcuni la rappresentano come una "L" rovesciata, altri come una specie di trapezio.

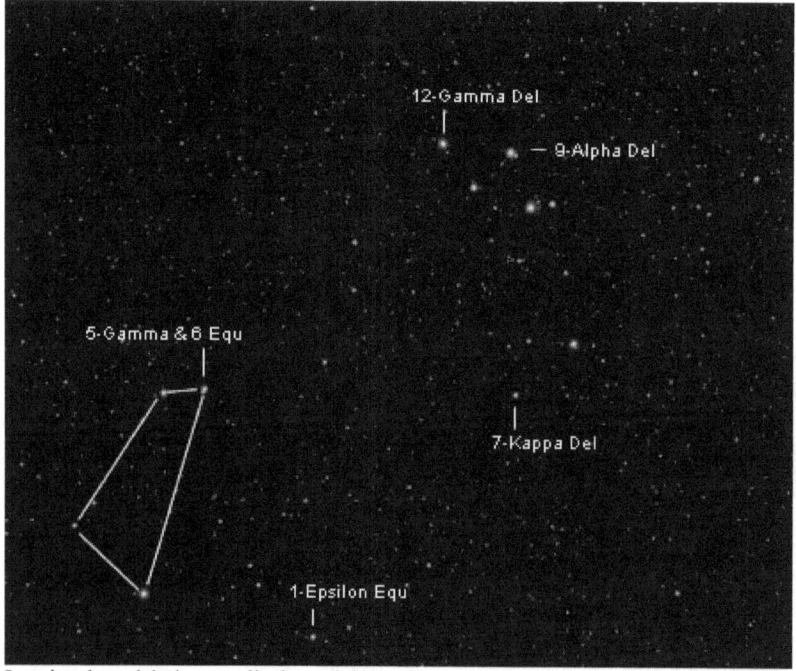

La piccola e debole costellazione del cavallino si trova proprio a est della ben più evidente figura del delfino.

| Eridanus – Eridano | In meridiano alle 22 del 10 Dicembre |

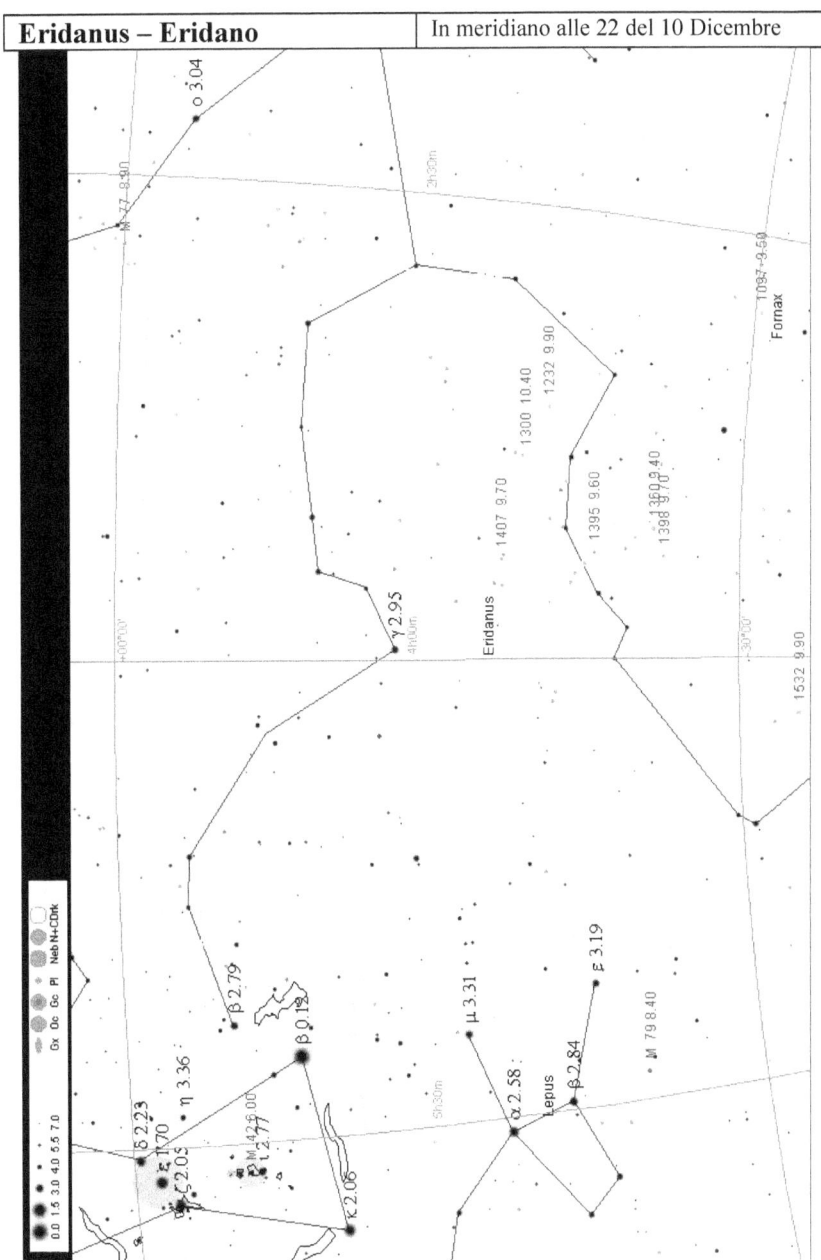

Descrizione
Un lunghissimo fiume, identificato prima con l'Eufrate, poi con il Nilo, dagli Egizi. Secondo Ovidio, nel secondo libro delle Metamorfosi, Fetonte, sbalzato dal carro del Sole, cadde nel fiume Eridano.
Si tratta di una costellazione lunghissima, visibile solo in parte dalle nostre latitudini. La sorgente del fiume parte dalla stella β , a nord, e termina nelle profonde regioni meridionali, ad una declinazione di circa -60°, dove si trova il delta del fiume.
A causa della sua immensa estensione e delle stelle deboli di cui è composta, è molto difficile da riconoscere al primo colpo: occorre pazienza ed una buona mappa, da controllare spesso. Vi si trovano molti oggetti, ma sono tutti piuttosto deboli e bassi sull'orizzonte per poter essere osservati con telescopi medio-piccoli.

Oggetti principali
NGC1300: Famosa galassia a spirale barrata dalla forma perfetta, osservata quasi di fronte. Al telescopio è comunque piuttosto debole, visibile solamente con strumenti a partire dai 150 mm ed in condizioni di ottima trasparenza. La magnifica struttura è alla portata solamente dei sensori digitali e strumenti a partire dai 100 mm di diametro.

NGC1535: Nebulosa planetaria soprannominata l'occhio di *Cleopatra*, a causa della forma che ricorda un occhio e per il colore, osservabile con strumenti a partire da 150 mm, di una tenue tonalità azzurra. Come ogni planetaria richiede ingrandimenti sostenuti per essere osservata agevolmente. Risulta davvero bella e spettacolare con strumenti superiori ai 200 mm.

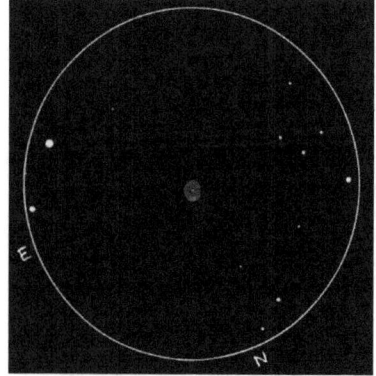
La nebulosa planetaria NCG1535 osservata con un telescopio dobson da 400 mm ed un ingrandimento di 500 volte.

Gemini – Gemelli

In meridiano alle 22 del 1 Febbraio

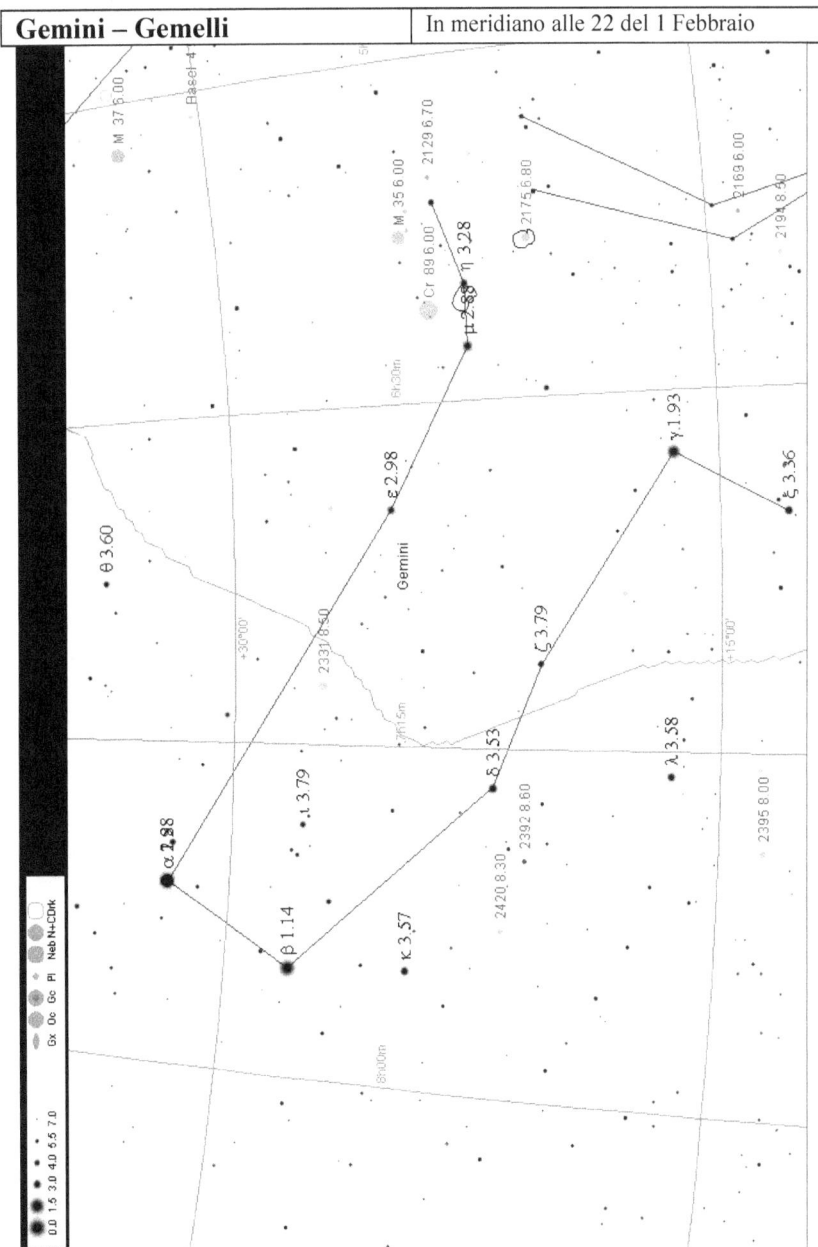

Descrizione
I gemelli Castore e Polluce erano gli eroi greci che seguirono Giasone alla ricerca del vello d'oro. Durante una tempesta salvarono anche la nave Argo dal naufragio. Le due stelle più luminose sono proprio i due gemelli Castore (α) e Polluce (β). Costellazione zodiacale facile da identificare nel cielo invernale.

Oggetti principali
Castore: La stella α è in realtà un sistema multiplo formato da ben sei stelle, di cui tre visibili al telescopio. Le due componenti principali hanno magnitudini di 1,9 e 2,8, separate da appena 2,5". La terza componente, di magnitudine 9,3, si trova a circa 70". Tutti gli strumenti mostrano quest'ultima, ma solamente telescopi dai 100 mm in su, a forti ingrandimenti, mostrano le due stelle principali.

M35: Ammasso aperto brillante e suggestivo attraverso un binocolo da almeno 50 mm di diametro e 10 ingrandimenti. Stupendo con ogni telescopio, dal più piccolo al più grande, a patto di non eccedere con gli ingrandimenti.

NGC2158: Altro ammasso aperto, "fratello minore" di M35. E' uno dei più distanti, essendo posto a circa 16000 anni luce. Per risolverlo in stelle occorre uno strumento da 120-150 mm e medi ingrandimenti (100X).

L'ammasso aperto M35 visto con un telescopio da 200 mm. In basso a destra la piccola sagoma del debole globulare NGC2158.

NGC2392: Nebulosa planetaria dal diametro di circa 40", simile al diametro apparente medio di Giove. L'osservazione attraverso ogni telescopio mostra un bel gioco di colori: la nebulosa appare di una tenue tinta blu-verde, mentre la stella centrale è bianca.

Hercules – Ercole

In meridiano alle 22 del 10 Luglio

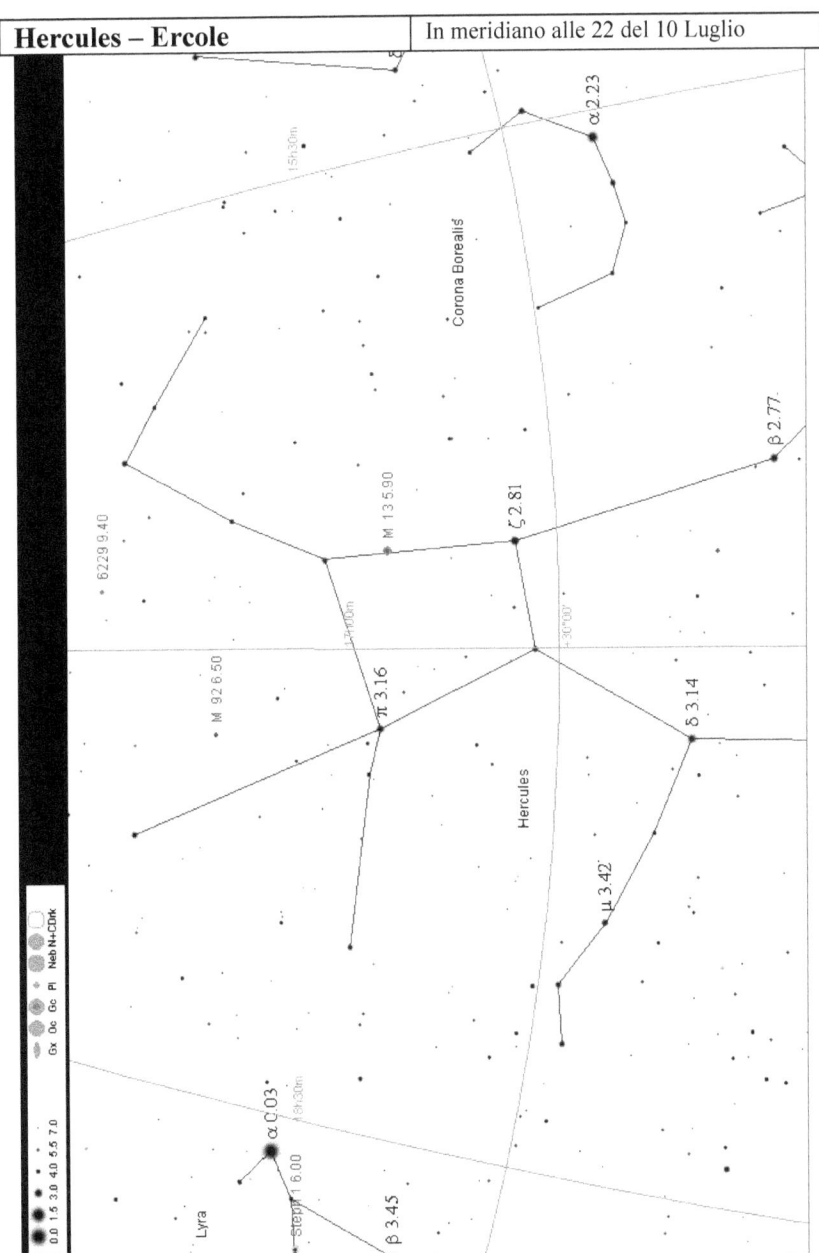

Descrizione
Tutti conoscono il grande Ercole, eroe greco, figlio illegittimo di Zeus, dalla forza straordinaria, venerato in tutto il bacino del Mediterraneo. Molti sono i miti che lo riguardano, tra i quali quello che narra delle dodici fatiche.
In punto di morte, il padre Giove, a riconoscenza delle sue grandi azioni, lo trasformò in dio e lo collocò tra le stelle.
La costellazione di Ercole, sebbene formata da stelle non troppo luminose, è facile da riconoscere ed emozionante da osservare.
La figura è perfettamente visibile e suggestiva, dominata dalla famosa chiave di volta, ovvero il quadrilatero centrale, che poi rappresenta il cuore della costellazione ed il punto che prima si individua. Confina con la costellazione della Lira ad est e del Pastore-Corona Boreale ad ovest.

Oggetti principali
M13: L' ammasso di Ercole è il globulare più famoso e spettacolare dell'emisfero boreale.
Formato da decine di migliaia di stelle disposte in un diametro apparente quasi grande quanto quello della Luna piena, è visibile a fatica ad occhio nudo da cieli abbastanza bui. La magnitudine di 5,9 costituisce un ottimo test per stabilire le condizioni del cielo dal quale si osserva. Se la qualità è buona, l'ammasso è visibile almeno in visione distolta.

Il grande ammasso di Ercole (M13) è magnifico da osservare e contiene decine di migliaia di stelle concentrate un uno spazio delle dimensioni apparenti della Luna.

Perfettamente stagliato e contrastato, sebbene ancora nebuloso, anche con i piccoli cercatori dei telescopi, comincia a rivelare la sua natura stellare a partire da strumenti di 100 mm, i quali mostrano una certa "granulosità" dell'immagine, sebbene non siano ancora in grado di mostrare le singole stelle. Le componenti più brillanti splendono di magnitudine 11,5-12 e sono quindi alla portata di diametri a partire dai 150 mm. La visione in un telescopio da 250 mm sotto un cielo scuro e con un ingrandimento di 100 volte è assolutamente mozzafiato: una miriade di deboli stelle visibili fino alle regioni nucleari dell'ammasso riempie il campo dell'oculare.

Uno dei motivi che mi hanno indotto a consigliare, anche per i principianti, telescopi di medio diametro per l'osservazione del cielo profondo, magari nella economica configurazione dobson, è proprio questo: gli strumenti piccoli si perdono questi grandi spettacoli e rischiano di annoiare l'osservatore, che continua a vedere sempre e solo macchie indistinte simili a piccole nubi. E' meglio fare qualche sacrificio economico in più e procurarsi almeno un dobson da 200 mm, con il quale si riescono davvero ad osservare molte delle meraviglie dell'Universo.

M13 è, per me, uno degli oggetti più belli ed emozionanti del cielo.

M92: Altro grande e luminoso ammasso globulare, purtroppo offuscato dalla ingombrante presenza di M13 che cattura gran parte dell'attenzione degli osservatori. M92 è brillante, esteso e piuttosto denso nel nucleo; transita molto alto nel cielo, trovandosi addirittura quasi perfettamente allo zenit a Perugia, nelle caldi notti estive. La visione telescopica è simile ad M13. Molti osservatori principianti tendono a vedere tutti gli ammassi globulari uguali, ma in realtà non è

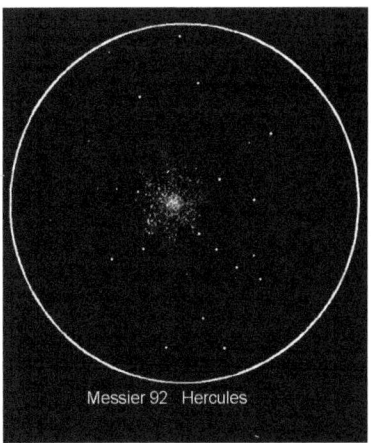

M92 osservato con un telescopio di 200 mm si mostra totalmente risolto.

così. Effettuate osservazioni prolungate ed accurate, studiate bene gli oggetti nel campo del vostro oculare e magari provate varie combinazioni di ingrandimenti. Insomma, fate lavorare in pieno la vostra voglia di conoscere, di osservare, di capire il funzionamento e l'aspetto dell'Universo che vi circonda!

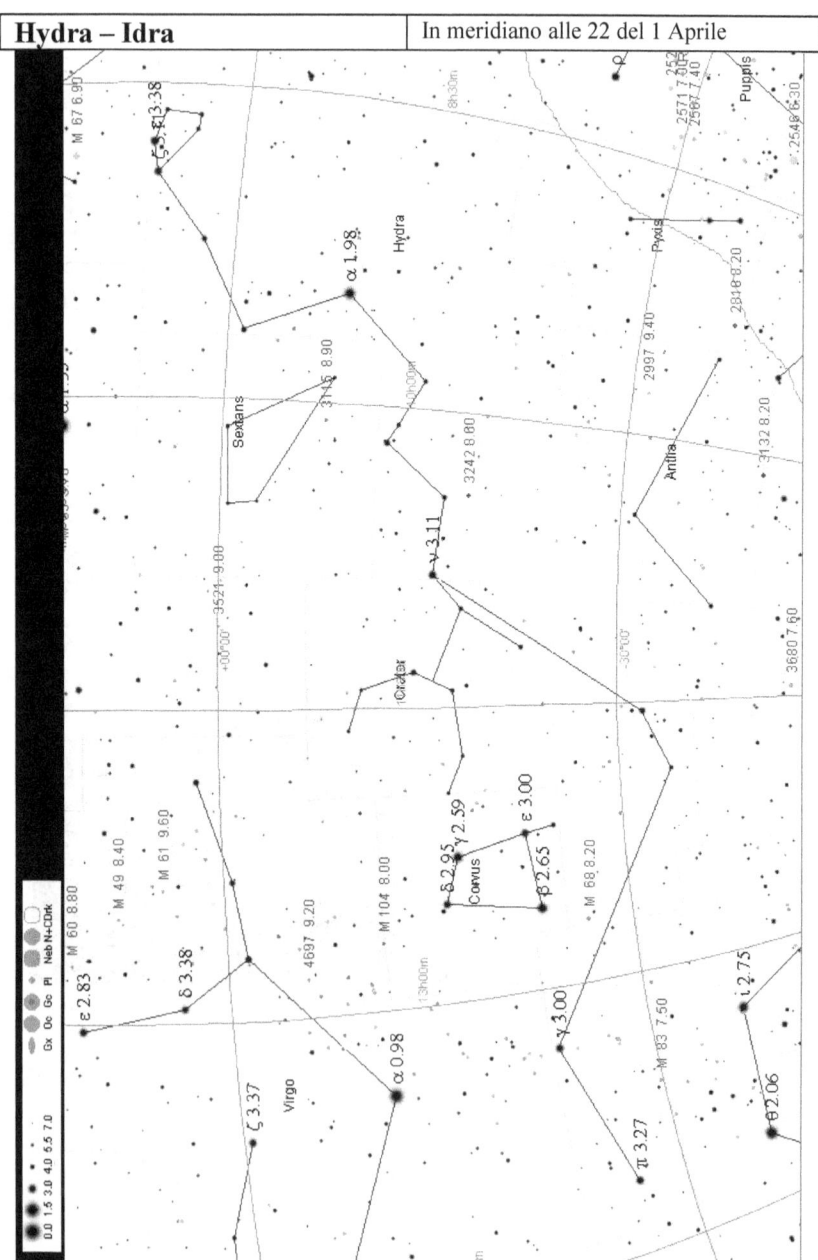

Descrizione
Idra era un grande serpente dalle nove teste, che Ercole, in una delle sue dodici fatiche, doveva uccidere. Ma ogni volta che tagliava una testa al mostro subito ne spuntavano altre due. Grazie all'astuzia di Iolao, suo nipote, che gli consigliò di dare fuoco ad ogni tronco non appena mozzata la testa, l'eroe greco riuscì ad impedire che nascessero nuove teste. Nel mezzo della battaglia, Hera, l'odiata matrigna, inviò il Cancro a distrarre e disturbare Ercole, il quale, però, riuscì a calpestarlo e ad ucciderlo e a sconfiggere Idra, che Hera per riconoscenza pose nel cielo.
Idra è la costellazione più estesa della volta celeste, estendendosi tra l'unicorno (Monoceros) e la bilancia (Libra). E' formata da stelle deboli che si sviluppano tortuosamente, risultando quindi difficile notare con chiarezza la sua forma.
Vi sono alcuni interessanti oggetti da osservare con un telescopio, sebbene si presentino sempre piuttosto bassi sull'orizzonte.

Oggetti principali
M83: Splendida galassia a spirale barrata, probabilmente molto simile, seppure più piccola, alla Via Lattea. Vista quasi esattamente di fronte, è una delle galassie più luminose, purtroppo posta a declinazioni molto negative che ne fanno un obiettivo non facile per i piccoli telescopi. Se il cielo è limpido e trasparente fino all'orizzonte, la galassia è visibile, debole, anche con un binocolo e diventa evidente con un telescopio da 100 mm, che comincia a mostrare qualche tenue sfumatura nel debole alone. Oggetto magnifico con strumenti da 200 mm in su.

M48: Un grande ammasso aperto perfettamente visibile con un binocolo ed un telescopio a largo campo. Questo oggetto, catalogato dall'astronomo *Messier*, è stato a lungo tempo considerato perduto, poiché l'astronomo francese aveva sbagliato ad annotare le sue coordinate equatoriali!

NGC3242: Nebulosa planetaria soprannominata fantasma di Giove, a causa delle ridotte dimensioni ed alla (vaga) somiglianza all'immagine del gigante gassoso visto a bassi ingrandimenti ed in piccoli strumenti. Il suo disco largo circa 15 secondi d'arco è facile preda di telescopi da 150 mm ed ingrandimenti di circa 150 volte.

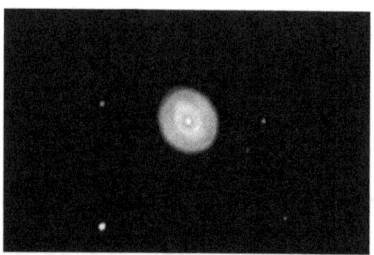

La nebulosa planetaria NGC3242 è detta *Ghost of Jupiter* (fantasma di Giove), per la debole somiglianza al pianeta Giove, se osservata con piccoli strumenti.

M68: Ammasso globulare, di magnitudine 8, in una zona di cielo piuttosto isolata, abbastanza debole attraverso ogni strumento. Da osservare, comunque, se siete nei paraggi ed avete nostalgia degli ammassi globulari.

La visione di questa splendida spirale, catalogata come M83, è compromessa dalla bassa altezza sull'orizzonte. Se avete un cielo molto trasparente e pulito potrete vedere questo oggetto con ogni telescopio. I suoi bracci a spirale sono osservabili solo con telescopi maggiori di 300 mm.

| Lacerta – Lucertola | In meridiano alle 22 del 1 Ottobre |

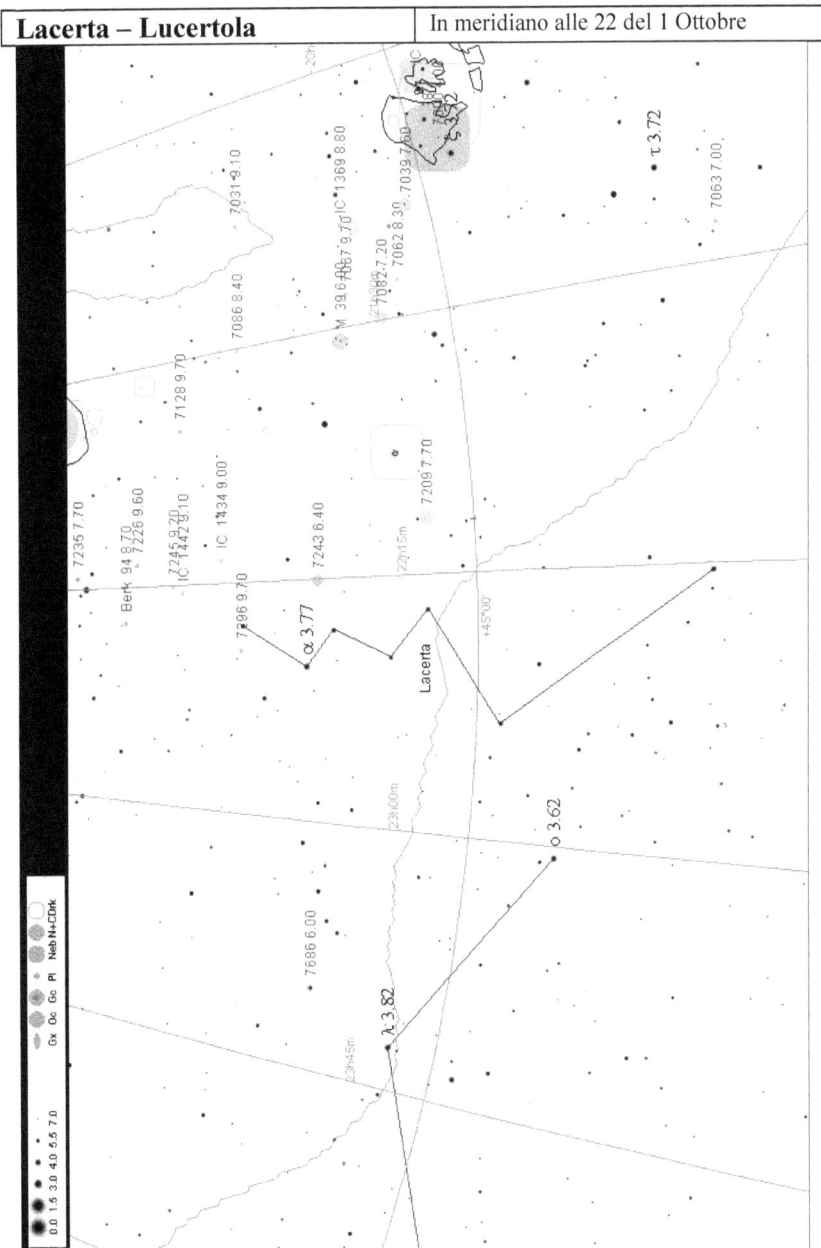

Descrizione
Una figura relativamente recente, introdotta dall'astronomo *Johannes Hevelius*, collega di *Charles Messier*, che vide in questo gruppo di stelle la forma di una lucertola.
Lacerta è una costellazione circumpolare per le regioni italiane, piccola ma tutto sommato semplice da identificare. Situata al confine tra la Via Lattea estiva ed invernale, tra le costellazioni del Cigno e di Cassiopea, contiene un paio di interessanti ammassi aperti.

Oggetti principali
NGC7243: Un ammasso aperto abbastanza esteso (21') e luminoso (mag. 6,4). Distante circa 2800 anni luce, è un facile obiettivo dei binocoli, che trovano scorrazzando lungo il disco galattico una miriade di oggetti e di emozioni che nessun telescopio è in grado di fornire. L'ammasso è comunque bello da osservare anche nel ristretto campo di un telescopio.

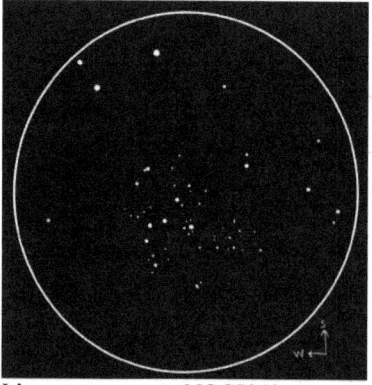

L'ammasso aperto NGC7243 osservato con un telescopio da 150 mm.

NGC7209: Altro ammasso aperto, leggermente più esteso di NGC7243, ma più debole, tanto da essere risolto in stelle solo con strumenti da almeno 100 mm.

NGC 7296: Ancora un ammasso aperto piccolo e poco concentrato, facile comunque da rintracciare anche con un binocolo da 50 mm di diametro. Al telescopio mostra i colori delle componenti più brillanti a partire da strumenti di 150 mm e cieli estremamente bui e trasparenti.

| Leo e Leo Minor – Leone e leone minore | In meridiano alle 22 del 1 Aprile |

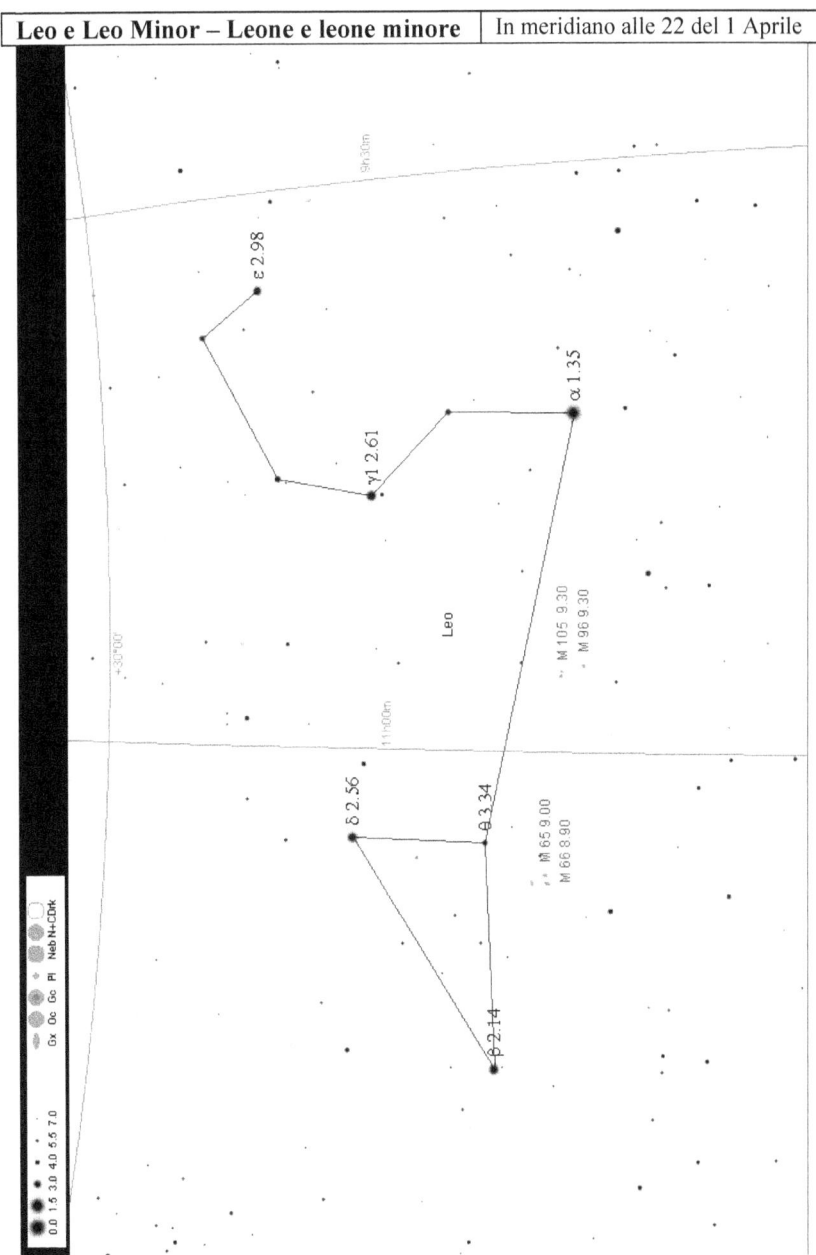

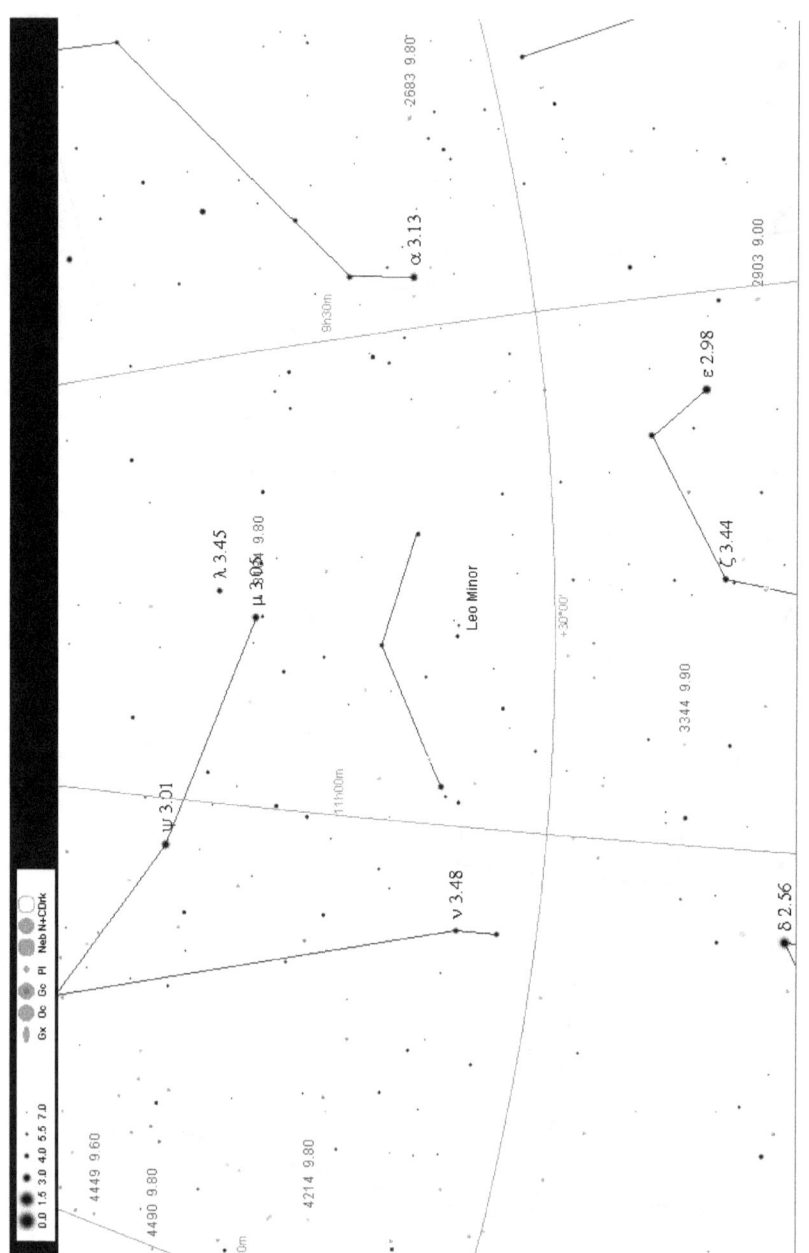

Descrizione
Molti popoli dell'antichità riconoscevano in questa costellazione il re della giungla, compresi i Babilonesi.
La mitologia greca afferma che si tratta del leone Nemeo, sconfitto da Ercole durante la prima delle sue dodici fatiche.
Il Leone è una delle costellazioni zodiacali dove al tempo degli antichi Babilonesi vi cadeva il solstizio d'estate (ora nel Toro).
Le sue stelle sono brillanti e facilissime da riconoscere nel cielo primaverile. In effetti si tratta di una delle poche costellazioni realmente somiglianti alla figura che rappresenta!
Vi si trovano proiettate molte galassie, alcune belle da osservare.
Il Leone Minore è invece una costellazione recente, introdotta da *Hevelius* nel XVII secolo.

Oggetti principali
M65: Galassia a spirale molto brillante, che divide questa zona di cielo con M66 ed NGC 3628: insieme formano il famoso tripletto del Leone. M65 è la componente più brillante e facile da osservare, persino con un binocolo. Evidente con ogni telescopio da almeno 80 mm, appare di forma nettamente allungata.

M66: Seconda componente del tripletto. Altra galassia a spirale vista quasi di faccia. Evidente con ogni telescopio, mostra quale dettaglio a strumenti di 200 mm.

NGC3628: La componente più debole, sfuggì all'occhio di *Messier* durante le osservazioni.
Si tratta di un'altra spirale, questa volta vista di profilo. Visibile con

Il "tripletto" del Leone, osservato con un telescopio da 200 mm.

strumenti modesti, è relativamente brillante con telescopi da 150 mm; mostra una sottile banda scura di polveri a diametri da 250 mm.

M95-96-105: Galassie ellittiche deboli ma visibili anche in strumenti di modesto diametro. Come ogni ellittica, l'osservazione non è molto appagante, neanche attraverso grandi telescopi. Sono tutte e tre piuttosto vicine (angolarmente) e mostrano un nucleo centrale puntiforme circondato da un debolissimo alone.

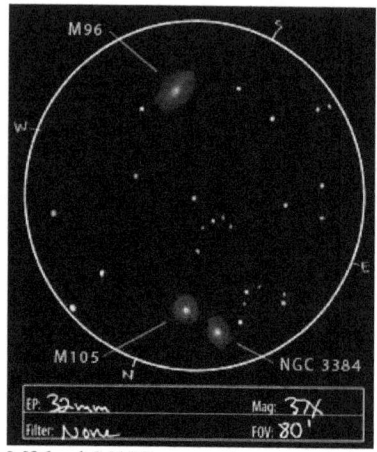

M96 ed M105 osservate con un telescopio da 150 mm.

Leonini: Sciame meteorico piuttosto famoso, che manifesta il massimo nella notte tra il 17 e il 18 Novembre di ogni anno, da osservare rigorosamente ad occhio nudo. L'attività delle leonidi è normalmente moderata, con medie di circa 40-50 meteore l'ora.

Ad intervalli di tempo 33 anni, tuttavia, lo sciame diventa spettacolare a seguito del passaggio ravvicinato della cometa *Tempel-Tuttle* da cui è generato, aumentando notevolmente il numero di meteore visibili in un'ora. Nel 1966 gli osservatori americani hanno assistito ad un evento senza precedenti. Nel momento di massima attività dello sciame, in un'ora sono state registrate ben 140000 meteore, 40 al secondo; uno degli spettacoli più belli e grandiosi di tutti i tempi!

Immagini a lunga esposizione del tripletto, riprese con un telescopio da 250 mm ed una camera CCD. Da sinistra a destra: M65, M66 e NGC3628, la più debole.

| Lepus – Lepre | In meridiano alle 22 del 10 Gennaio |

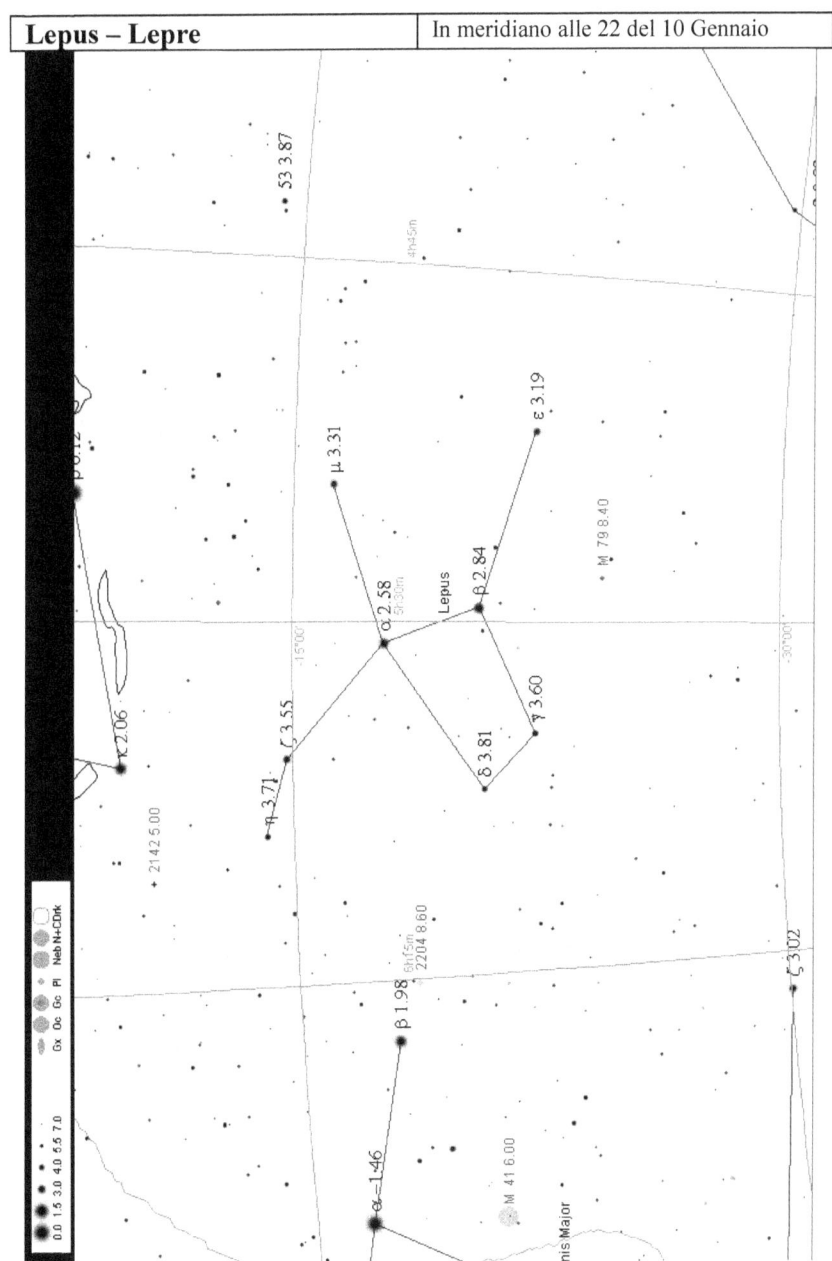

Descrizione
Anticamente questa costellazione era considerata la sedia del cacciatore Orione. Successivamente gli antichi greci e i romani assegnarono a questo gruppo la figura di una lepre, da collocare ai piedi del grande cacciatore.
Costellazione composta da stelle abbastanza deboli, ma facilissima da osservare perché dalla forma curiosa e posta proprio ai piedi di Orione.
Un po' bassa sull'orizzonte dei cieli italiani, non contiene oggetti facili da osservare, se non un debole ammasso globulare, **M79**, che si mostra risolto solo con strumenti da 300 mm.

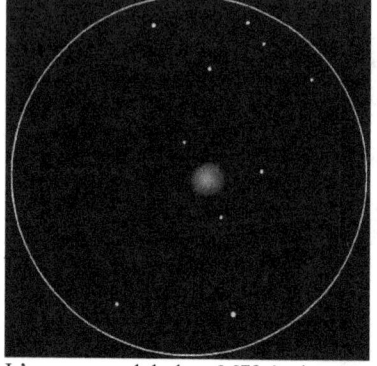

L'ammasso globulare M79 è piuttosto debole e non mostra le sue stelle neanche a telescopi da 250 mm, come dimostra questo disegno.

La costellazione della Lepre, a sud di Rigel e ad ovest della brillante Sirio. Foto di *David Malin*.

| Libra – Bilancia | In meridiano alle 22 del 10 Giugno |

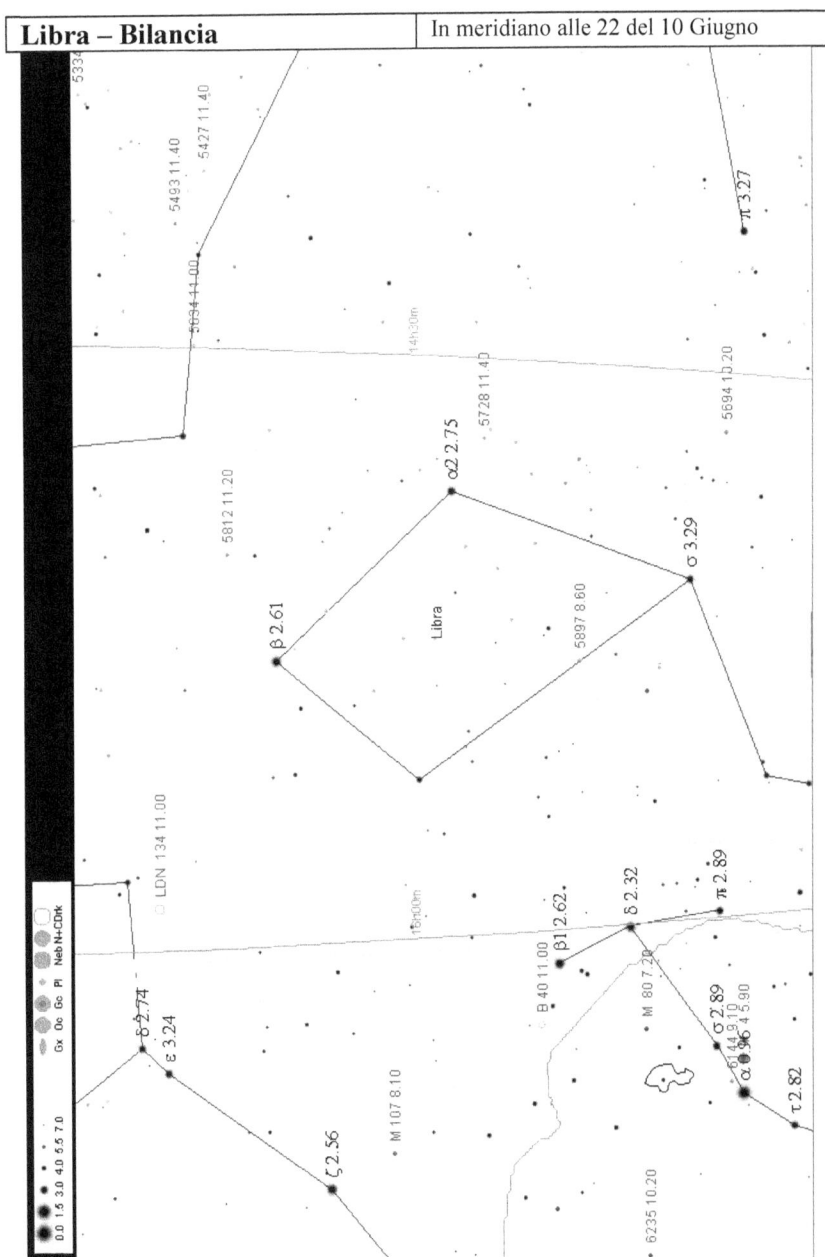

Descrizione
Secondo i racconti greci, alla bilancia era associata la dea della giustizia Temi, il cui simbolo era una coppia di bilance.
Costellazione evidente e molto facile da osservare nel cielo, ad ovest di Antares e dello Scorpione. Fa parte delle costellazioni zodiacali, quindi è attraversata dal Sole e dai pianeti durante il loro tragitto celeste.
Non contiene oggetti brillanti, se non **NGC5897**, un debole ammasso globulare visibile con ogni telescopio, ma privo di dettagli per diametri inferiori ai 300 mm.

In primo piano, a destra, la costellazione della Bilancia. A sinistra la brillante Antares e parte della costellazione dello Scorpione.

| Lynx – Lince | In meridiano alle 22 del 20 Febbraio |

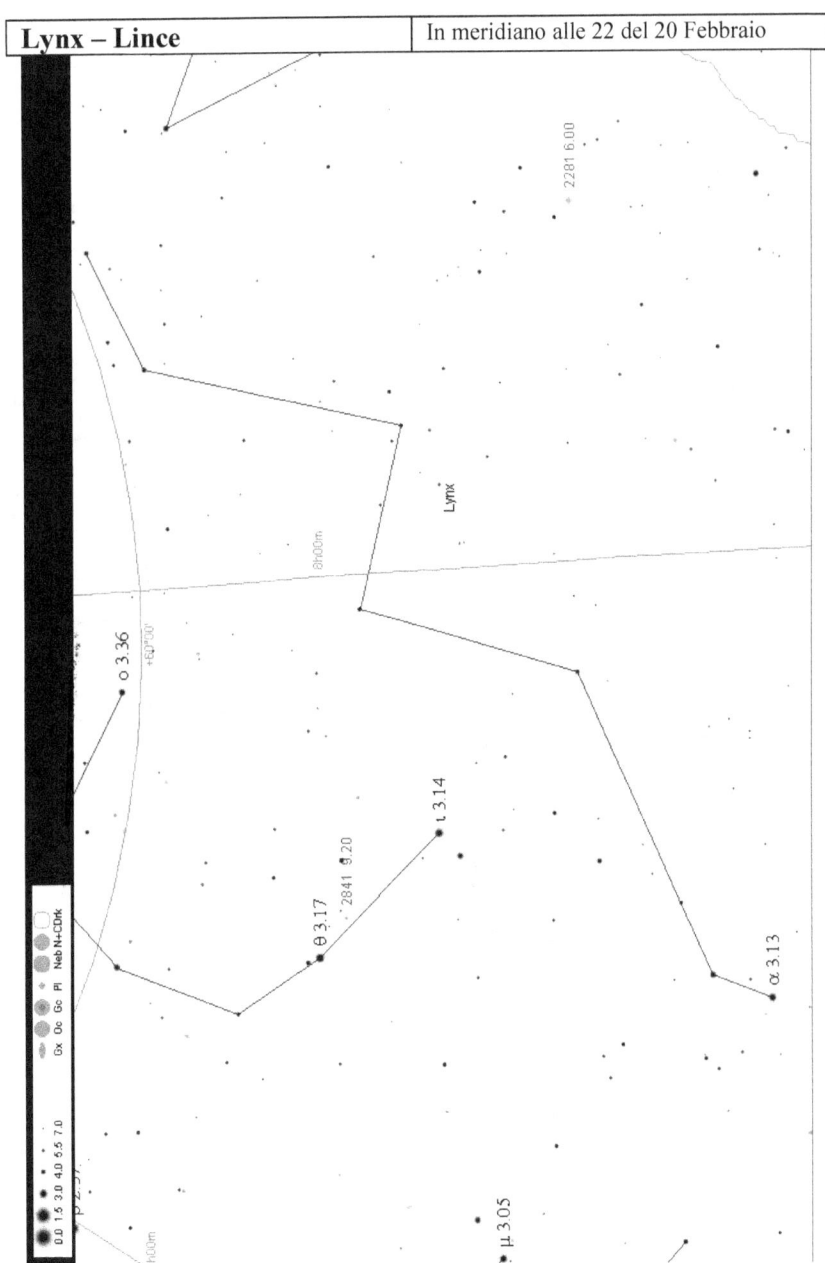

Descrizione
Costellazione moderna, introdotta dall'astronomo *Johannes Hevelius*, che le diede questo nome perché occorrevano degli occhi di lince per poterla scovare nel cielo! In effetti si tratta della costellazione più difficile da identificare, composta da stelle molto deboli.
Situata tra l'Orsa maggiore e Auriga, non contiene oggetti di rilievo, eccetto **NGC2419**, debole ammasso globulare, piuttosto isolato rispetto agli altri, il più distante di quelli finora individuati: 210000 anni luce.

Riuscite ad identificare la debole costellazione della Lince in questa immagine piena di stelle?

Lyra – Lira

In meridiano alle 22 del 1 Agosto

Descrizione
La Lira era lo strumento a corde che Apollo aveva donato al figlio Orfeo, il quale la suonava con una perfezione che incantava persino gli animali feroci. Orfeo era molto innamorato della propria moglie, Euridice, e quando lei morì non si diede per vinto e scese negli inferi per cercare di recuperarla. Gli dei accettarono di restituire la moglie solamente se durante il tragitto di ritorno Orfeo non si fosse mai voltato indietro a guardare l'amata. Non resistette alla curiosità e all'impazienza, diede all'amata un veloce sguardo, ma gli dei furono inflessibili e riportarono Euridice negli inferi per l'eternità.
Costellazione facilissima da individuare, dominata dalla brillante stella bianca Vega che svetta sopra le teste nelle calde notti estive.

Oggetti principali
M57: La famosa nebulosa ad anello è la planetaria più conosciuta ed osservata di tutto il cielo. Si può individuare anche con un binocolo, ma è impossibile risolvere la struttura dalle dimensioni di 1'. Facile preda di ogni telescopio, si mostra come un anello molto evidente con strumenti maggiori di 100 mm. La visione, ad almeno 100 ingrandimenti, è stupenda, sebbene l'oggetto resti piccolo. Uno strumento dal diametro doppio enfatizza il contrasto, facendo fluttuare l'anello nel vuoto dello spazio.

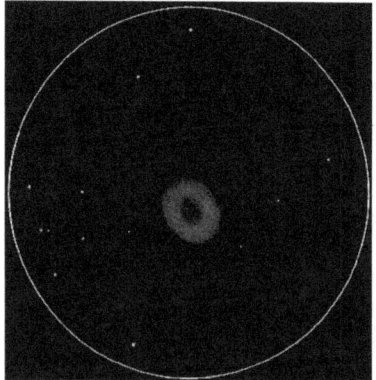
La famosa nebulosa ad anello M57 è piccola ma osservabile con ogni telescopio. In questo disegno come appare all'oculare di un telescopio da 250 mm a 250 ingrandimenti.

M56: Ammasso globulare al confine con la vicina costellazione del Cigno, facile da individuare con ogni telescopio, ma piuttosto avaro di dettagli, a meno di non osservare con un dobson da almeno 300 mm.

Epsilon (ε) Lyrae: Una famosissima stella quadrupla. Le due componenti principali sono separate di 210" e costituiscono un severo test per l'occhio nudo (chi riesce a separarle?).
La coppia è bellissima ed evidente con ogni binocolo. Un telescopio da 70-80 mm, ad alti ingrandimenti, mostra la vera natura di questo sistema: ognuna delle due stelle è a sua volta doppia, con componenti di luminosità simile separate da circa 2,5". La separazione di queste due coppie costituisce un severo test per i piccoli rifrattori da 60 mm: se la loro qualità ottica è ottima, riuscirete ad osservare tutte e quattro le stelle, in un quadro cosmico davvero emozionante.

La stessa nebulosa planetaria M57 come appare in una fotografia a lunga esposizione con lo stesso strumento con cui è stato effettuato il disegno sopra.

| Monoceros – Unicorno | In meridiano alle 22 del 1 Febbraio |

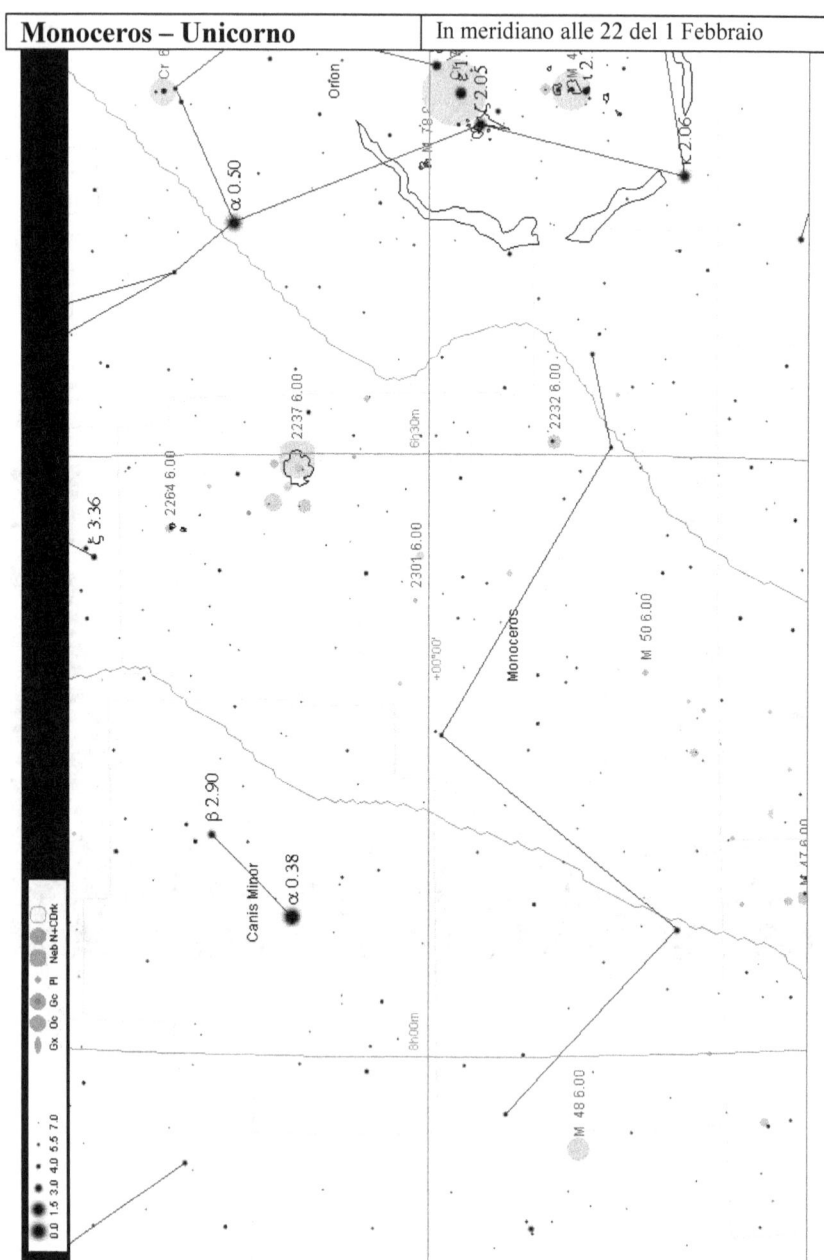

Descrizione
Unicorno è una costellazione introdotta nel 1624 dall'astronomo *Jakob Bartsch*. Si tratta di un animale mitologico, che alcuni pensano sia la distorsione della figura del rinoceronte.
La costellazione, circondata da vere gemme come Orione ad ovest, il Cane minore a nord ed il maggiore, con Sirio, a sud, è nascosta e difficile da osservare. Composta da stelle deboli, si trova a cavallo del disco della Via Lattea invernale, meno denso ed appariscente rispetto a quello estivo, ma sempre molto interessante.

Oggetti principali
M50: Ammasso aperto in una zona di cielo molto ricca di stelle. Facile da rintracciare con un binocolo, mostra le sue componenti a piccoli telescopi.

NGC2237: La famosa nebulosa Rosetta è una delicatissima nebulosa ad emissione a forma di un intricato bocciolo di rosa. Sfortunatamente è estremamente debole all'osservazione telescopica e richiede telescopi da 250 mm per mostrarsi abbastanza contrastata. Nel cuore della nebulosa è presente un giovane ammasso aperto, **NGC2244**, molto bello da osservare con ogni telescopio.

La splendida nebulosa Rosetta (NGC2237) da il meglio di se solo in fotografia. Strumenti inferiori ai 150 mm lasciano vedere solo il bellissimo ammasso aperto custodito al suo interno.

NGC2264: Detto ammasso Albero di Natale è un ammasso aperto in cui qualche osservatore riconosce la forma tipica di un albero di Natale.

| Ophiucus – Serpentario | In meridiano alle 22 del 10 Luglio |

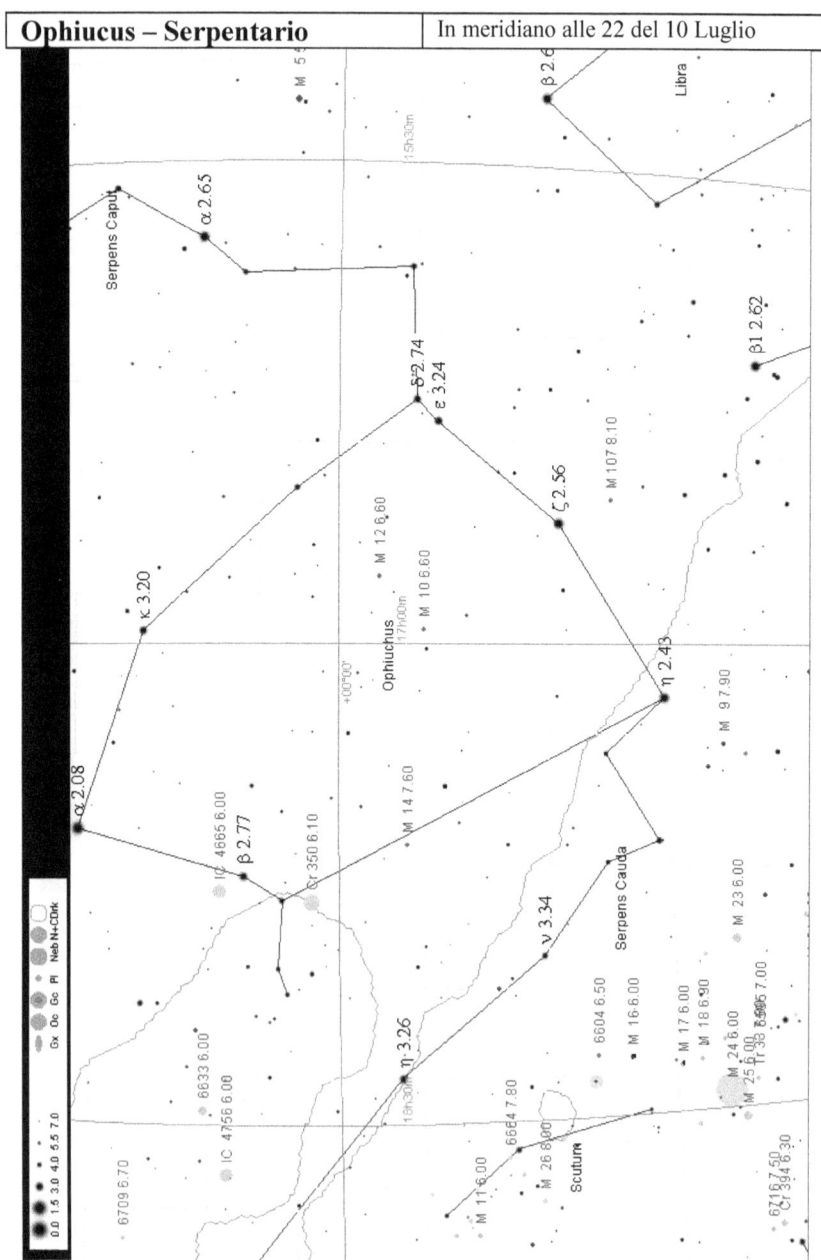

Descrizione
Il Serpentario si trova a cavallo della costellazione del serpente, dividendo la testa dalla coda ed identificato con il medico Esculapio, figlio del dio Apollo. Secondo il mito, Esculapio apprese dalle piante sorprendenti proprietà curative, tanto che era in grado di curare persino i morti e restituirli alla vita. Questo fatto, però, non trovava d'accordo Ade, il dio degli inferi e padre di Zeus, il quale convinse il figlio ad uccidere Esculapio con una saetta. Zeus, però, in riconoscimento delle sue grandi capacità curative decise di porlo nel cielo.
Il Serpentario è una costellazione molto estesa, non di immediata identificazione perché situata in una zona ricca di astri brillanti.
Al suo interno possiamo trovare numerosi oggetti, molti dei quali ammassi globulari. Non a caso questa costellazione è considerata la casa dei globulari.
Dopo l'assegnazione delle figure e delle superfici occupate dalle costellazioni, avvenuta nel 1930 da parte dell'Unione Astronomica Internazionale, la costellazione è attraversata dall'eclittica e si è quindi aggiunta, a tutti gli effetti, alle altre 12 costellazioni dello zodiaco.

Oggetti principali
M9-10-12-14-19-62-107: Sette bellissimi ammassi globulari, facili da rintracciare con binocoli e piccoli telescopi, mostrano le loro stelle a strumenti di 150-200 mm. Osservandoli nella stessa serata potrete notare come, benché si somiglino, siano in realtà tutti diversi l'uno dall'altro. M9 ed M14 appaiono molto ricchi di stelle, mentre M10 ed M12 sono meno densi. M19 è di una curiosa forma ovale ed M62 ha un perimetro irregolare. State sempre attenti ai dettagli, perché nessun

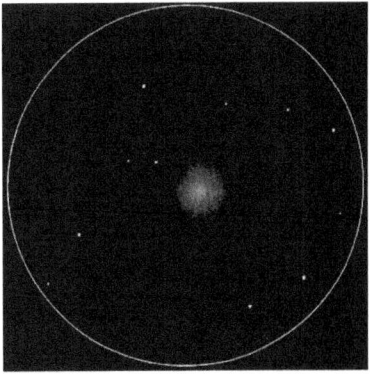

L'ammasso globulare M9 all'oculare di un telescopio da 250 mm a circa 150 ingrandimenti. E' solo uno dei tanti globulari da osservare in questa costellazione.

oggetto cosmico è mai identico ad un altro; carpire le sottili differenze e sfumature può essere davvero molto emozionante, oltre che istruttivo.

L'ammasso globulare M12 è poco denso e di forma sferica.

M62 è molto più concentrato e di forma ovale.

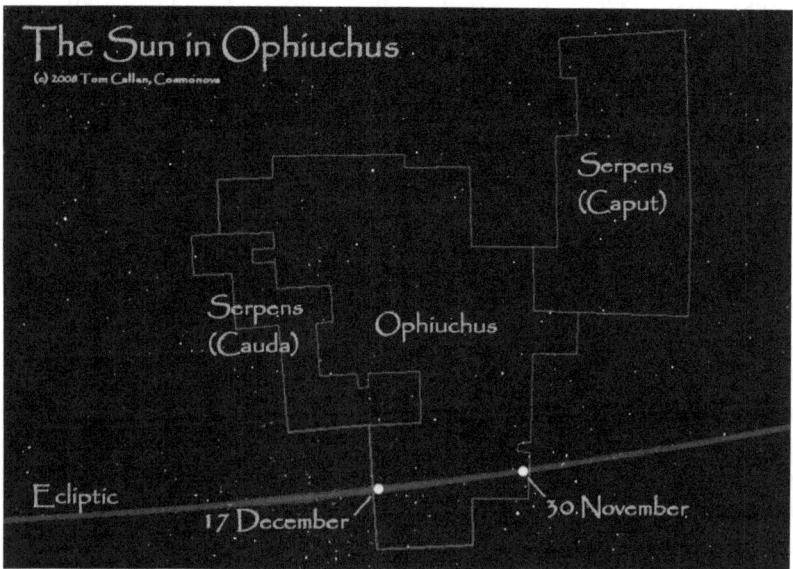

Ophiucus è la tredicesima costellazione dello zodiaco, attraversata dal Sole tra il 30 Novembre ed il 17 Dicembre.

| Orion – Orione | In meridiano alle 22 del 10 Gennaio |

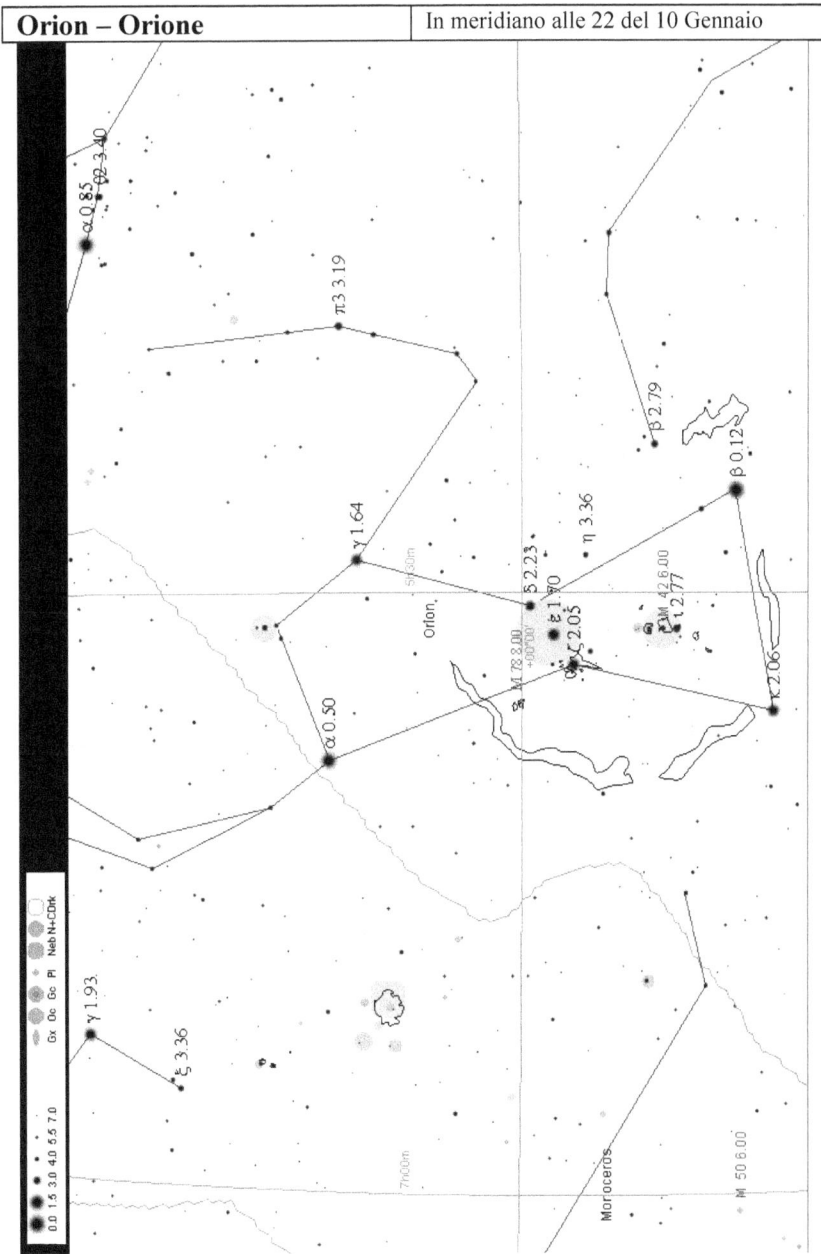

Descrizione
Gruppo di stelle riconosciuto come una costellazione sin dalle prime civiltà della Terra. Per i greci Orione era un grande cacciatore, che fece innamorare di lui persino Artemide, dea della Luna e della caccia. La dea era così persa per il gigante cacciatore che trascurò il suo compito di illuminare le notti. Una notte, Apollo, fratello gemello di Artemide, vide Orione nuotare in mare e sfidò la sorella a colpire con una freccia quello che da lontano sembrava un cane. Artemide raccolse la sfida, scoccò la freccia ed uccise il cacciatore. Solo dopo, quando il suo corpo venne portato a riva dalla corrente, Artemide riconobbe il suo amato Orione, e distrutta dal dolore decise di porlo nel cielo insieme ai suoi cani. Il dolore della dea è ancora visibile nella fredda e triste luce della Luna, che ogni notte viene fatta sorgere e tramontare dalla dea.
Orione è la costellazione più bella e appariscente di tutto il cielo, impossibile da non individuare nelle notti invernali, proprio a cavallo dell'equatore celeste.
Anche la forma somiglia ad un gigante, il cui corpo è individuato dal grande quadrilatero dominato da Betelgeuse e Rigel, stelle molto brillanti e suggestive. Al centro vi sono 3 stelle quasi allineate e di luminosità simile, che vanno a formare la famosa cintura di Orione. In basso altre tre stelle, più deboli, poste in senso verticale, formano la spada del gigante. In alto, da Betelgeuse si diparte un braccio che sorregge una clava e dall'altra parte, a destra, l'altro che sostiene la pelle di un Leone.
Contiene al suo interno alcune delle nebulose più belle e suggestive dell'emisfero boreale.

Oggetti principali
NGC2169: Piccolo ammasso aperto, abbastanza brillante da essere individuato con binocoli e con i cercatori dei telescopi. Oggetto da osservare ad almeno 100 ingrandimenti per avere una visione soddisfacente.

M42: La grande nebulosa di Orione è una magnifica distesa di gas, principalmente idrogeno, che brilla di una luce tendente al rosso (in foto). E' la nebulosa più luminosa del cielo ed è facile da osservare, ad occhio nudo, al centro della spada anche da cieli moderatamente inquinati. Al binocolo mostra bellezza ed eleganza, dando l'impressione di un'aquila nel cielo. Non regala le colorazioni che si possono osservare nelle fotografie, ma la visione è veramente stupenda. Visibile meravigliosamente con ogni telescopio, a patto di usare ingrandimenti modesti, toglie letteralmente il fiato con uno strumento di almeno 200 mm da un cielo scuro e con un oculare dal grande campo.

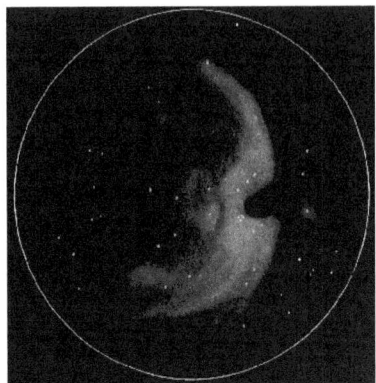

La magnifica e tenue sagoma della grande nebulosa di Orione, osservata all'oculare di uno strumento da 150-200 mm a 70X. A destra, attorno ad una stella, è evidente, seppure tenue, M43.

Nella zona centrale si trovano 4 stelle brillanti disposte a trapezio, nate dal gas della nebulosa, facili da osservare con ogni telescopio e almeno 100 ingrandimenti. Uno strumento da 150 mm vi mostrerà un'altra componente, uno da 250 mm un'altra ancora, rivelando la natura di questo giovane ammasso aperto.

M43: Porzione nord della nebulosa di Orione che all'osservazione visuale appare distaccata dalla principale. La nebulosità si avvolge attorno ad una stella poco a nord di M42 ed è ben visibile, seppur debole, con ogni strumento nello stesso campo di vista della parte principale.

M78: E' la nebulosa a riflessione più brillante di tutto il cielo. Nonostante ciò, è un oggetto prettamente telescopico, ancora debole con strumenti di 80-90 mm. Telescopi di diametro doppio, intorno ai 150 mm, la mostrano evidente, sebbene dai bordi abbastanza confusi.

Non rivela molti particolari, ma è un raro esempio di una categoria di oggetti difficili da osservare.

IC434 e Barnard 33: Sigla che identifica la famosissima nebulosa Testa di Cavallo, la cui immagine tappezza libri ed articoli di astronomia. Questo oggetto è il risultato di una particolare combinazione cosmica. Una nebulosa oscura, denominata Barnard 33, si staglia infatti su una più distante nebulosa ad emissione, IC434, facente parte di un gigantesco complesso che avvolge tutta la costellazione di Orione, compresa M42. Questo fortuito allineamento prospettico e la forma particolare della nebulosa oscura che si trova di fronte, conferiscono a questo oggetto la tipica forma della testa di un cavallo. Sfortunatamente l'osservazione richiede telescopi di grande diametro, dai 250 mm in su, ed un occhio davvero sensibile per poter notare almeno la parte brillante del complesso nebulare. Molto difficile notare la forma a testa di cavallo, se non con telescopi a partire dai 500 mm di diametro. In fotografia, invece, anche un piccolo telescopio da 60 mm di diametro riesce ad evidenziare la struttura.

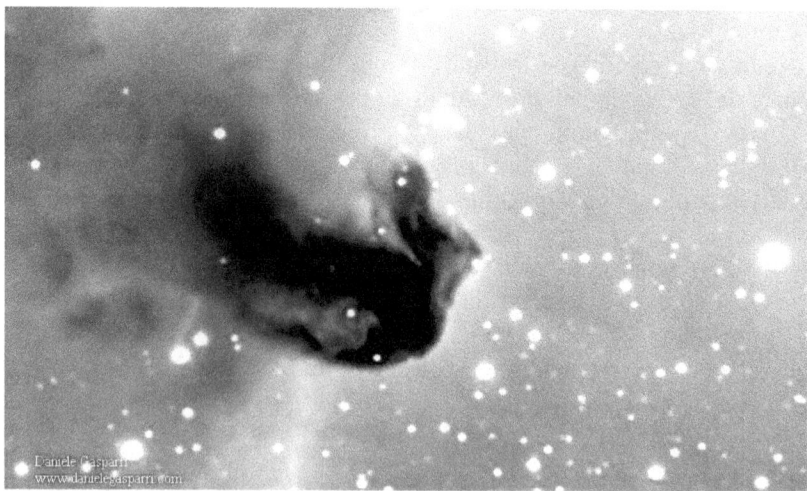

La splendida nebulosa oscura testa di cavallo è unica ed emozionante. Purtroppo la sua forma è appannaggio esclusivo di una fotografia a lunga esposizione. Solo strumenti di almeno 250 mm aiutati da un filtro nebulare OIII, riescono a mostrare, debolmente, la parte ad emissione, ma non permettono di scoprire la sua forma.

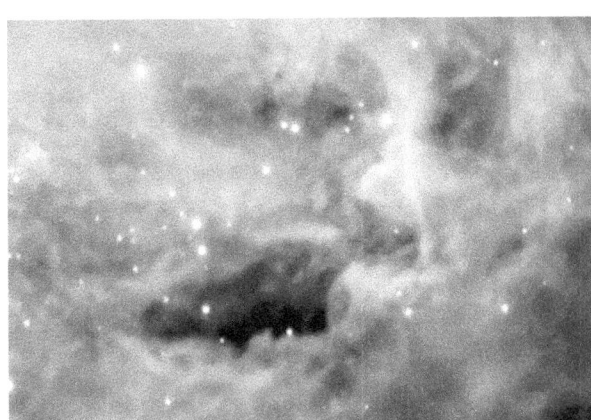

In alto: la grande estensione della nebulosa di Orione ripresa con un rifrattore da 106 mm, camera CCD e 40 minuti di esposizione.
A sinistra: un ingrandimento delle intricate trame visibili nella porzione sud di M42

| Pegasus – Pegaso | In meridiano alle 22 del 1 Ottobre |

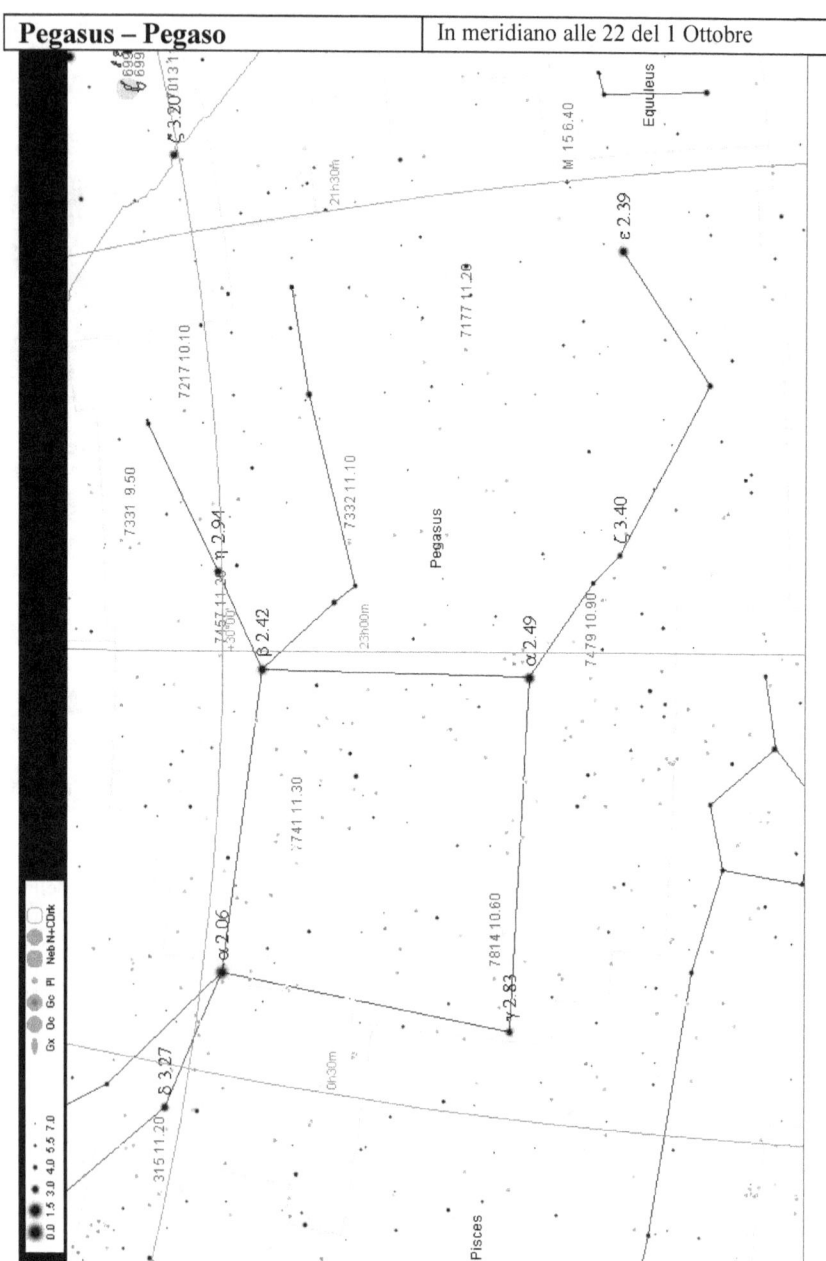

Descrizione
Il cavallo alato è una figura mitologica che risale addirittura agli antichi Babilonesi, coniato anche sulle monete greche del IV secolo a.c. . Il mito greco attribuisce la nascita di Pegaso dal sangue di Medusa, dopo essere stata decapitata da Perseo. Dal calcio di un suo zoccolo, in cima al monte Elicone, Pegaso fece nascere la sorgente del fiume Ippocrene, fonte di ispirazione dei poeti greci.
La costellazione è dominata dal famoso quadrilatero, una zona evidente perché povera di stelle brillanti, parte fondamentale della costellazione.
Occupa in cielo molto spazio, ma è povera di oggetti brillanti.

Oggetti principali
M15: Luminoso ammasso globulare, facile da individuare con un binocolo, bellissimo da osservare, come tutti i globulari, con strumenti a partire dai 150 mm.

NGC7331: Galassia a spirale allungata e costellata da numerose piccole galassie ellittiche satelliti. Oggetto telescopico, visibile in ogni strumento a partire dagli 80-90 mm, evidente e dettagliata in telescopi di almeno 200 mm.

La galassia NGC7331 è soprannominata la piccola Andromeda, per la somiglianza all'osservazione visuale, sebbene di dimensioni apparenti minori. Qui come appare ad un telescopio di 250 mm.

Il quintetto di Stephan:
Gruppo di 5 galassie in interazione gravitazionale, non molto lontano dalla spirale NGC7331, estremamente interessante e discusso tra la comunità astronomica. Purtroppo è debole e visibile solo con strumenti superiori ai 300 mm.

| Perseus – Perseo | In meridiano alle 22 del 10 Dicembre |

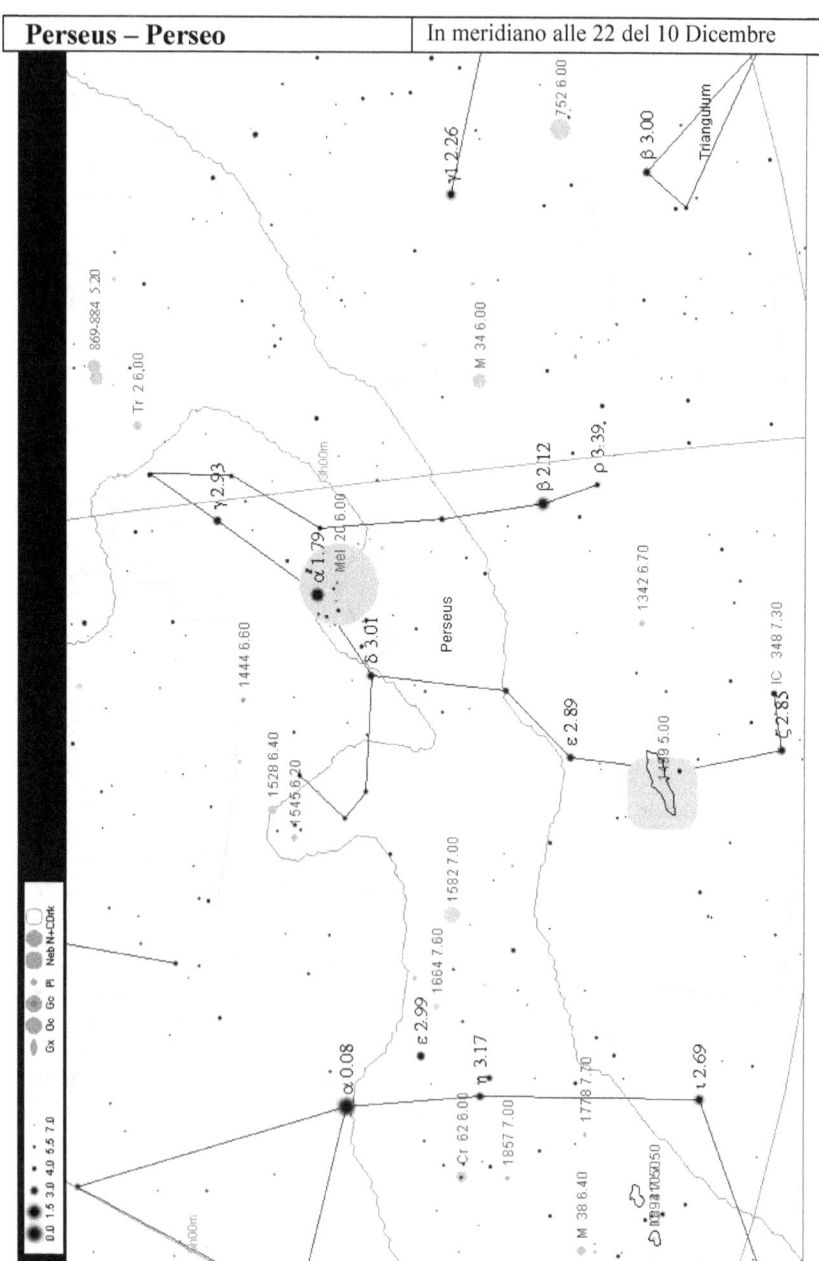

Descrizione
Perseo, citato in molti miti, era figlio di Zeus e della mortale Danae, uno dei tanti figli illegittimi dell'infedele marito di Hera. E' lui che uccise Medusa, il mostro con la testa piena di serpenti, in grado di trasformare in pietra ogni essere vivente che incrociava il suo sguardo. Con l'aiuto di Atena, Perseo decapitò Medusa e dal suo sangue nacque il cavallo alato Pegaso.
Perseo è una costellazione bellissima, molto alta in cielo nelle notti invernali. Attraversata dalla Via Lattea, è ricca di oggetti, tra cui il famoso doppio ammasso.

Oggetti principali
NGC869-884: Il famoso doppio ammasso del Perseo è formato da due ammassi aperti prospetticamente vicini, molto giovani. La loro età, infatti, è di qualche decina di milioni di anni, veramente poco per oggetti celesti che possono vivere anche per decine di miliardi di anni. E' l'ammasso aperto più bello di tutto il cielo; visibile ad occhio nudo come una doppia e debole macchia, rivela le sue stelle ad ogni binocolo. L'osservazione telescopica a bassi ingrandimenti è in grado di mostrare i colori delle componenti più brillanti, rendendo l'immagine emozionante. Perde di fascino con ingrandimenti superiori alle 50 volte, che non riescono ad inquadrare entrambi gli ammassi.

M34: Altro ammasso aperto bello e luminoso, da osservare sia al telescopio che con un binocolo.

Algol: La stella β della costellazione è una variabile ad eclisse, un sistema doppio molto stretto visto sotto una prospettiva particolare, che fa si che la compagna, ad intervalli regolari, venga vista eclissare la principale, riducendo la luce complessiva che ci arriva dal sistema. Il calo di luce è facile da osservare al telescopio. Ogni 2 giorni, 20 ore e 48 minuti si verifica un'eclisse; la luminosità scende da magnitudine 2,1 alla 3,4 per circa 10 ore.

Perseidi: Da questa costellazione sembrano provenire le numerose stelle cadenti che possiamo osservare nelle notti dell'11-12-13 agosto di ogni anno, le cosiddette lacrime di San Lorenzo. A cavallo di questi giorni, se osservate in direzione della costellazione dopo la mezzanotte e senza la Luna in cielo, potrete contare più di 20 meteore luminose all'ora. Attualmente il migliore periodo di visibilità non si verifica durante la famosa notte di San Lorenzo, ma due giorni dopo, nella notte tra il 12 ed il 13 Agosto.

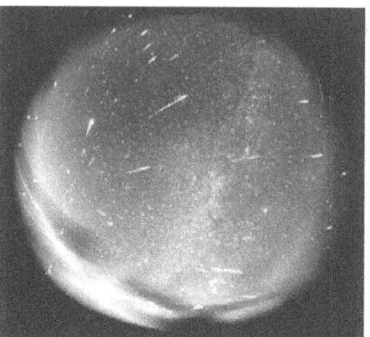

Lo sciame delle Perdeidi è una famosa pioggia di stelle cadenti visibili al meglio nelle notti del 12 e 13 Agosto. Le meteore sono piccoli detriti cosmici seminati dalle code delle comete che entrando nell'atmosfera terrestre bruciano per attrito, diventando luminose.

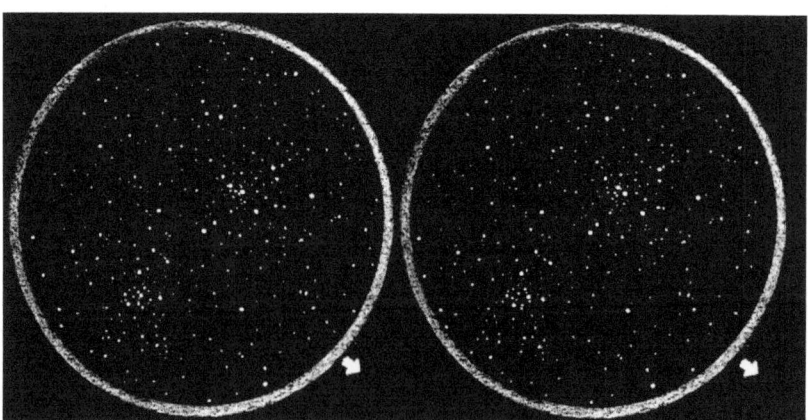

Visione 3D del doppio ammasso del Perseo, così come può essere osservato con un telescopio da 100-150 mm. Per vedere l'effetto 3D, piuttosto impressionante, dovete incrociare gli occhi, come se osservaste il vostro naso. A questo punto una terza immagine centrale vi comparirà. E' importante trovare la giusta distanza rispetto alla quale l'immagine è definita e a fuoco; se ci riuscite vedrete le stelle fluttuare nello spazio!

| Pisces – Pesci | In meridiano alle 22 del 1 Novembre |

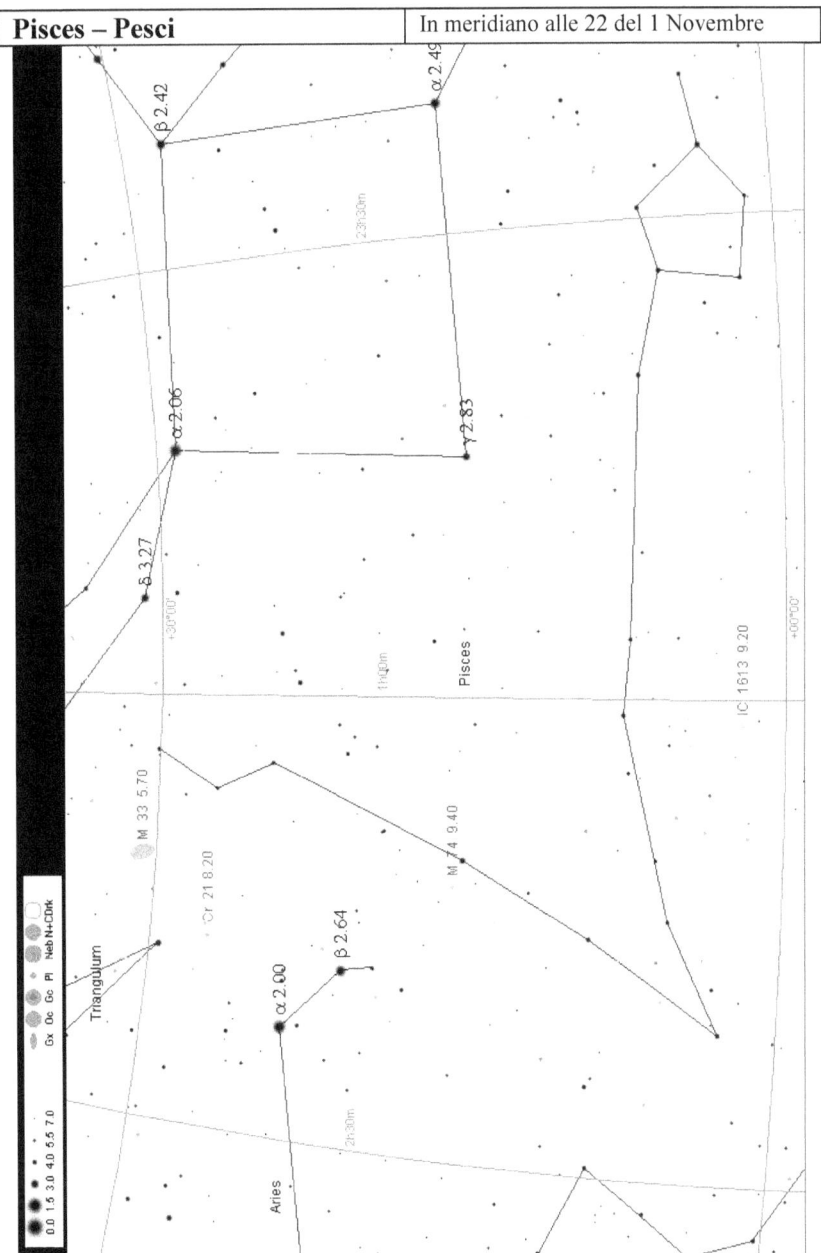

Descrizione
Secondo la mitologia greca e romana, Afrodite ed il figlio Eros erano inseguiti dal mostro Tifone e per sfuggirgli si trasformarono in pesci, si legarono per la coda per non perdersi, e nuotarono lontano dalle grinfie del mostro.
La costellazione, formata da stelle piuttosto deboli, rappresenta, in effetti, due pesci legati per la coda. Uno è in posizione quasi verticale, nella porzione est della costellazione, l'altro orizzontale, al confine con l'Acquario, con la testa abbastanza delineata da un gruppo di 5 stelle.
E' una delle costellazioni dello zodiaco, attraversata dal Sole durante l'equinozio di primavera, nel punto gamma, riferimento per la misurazione dell'ascensione retta. Questo punto ha coordinate: AR: 00 00 00 e Dec: 00 00 00 ed il Sole vi si trova il 20 o il 21 Marzo.

Oggetti principali
M74: Galassia a spirale vista di fronte, un po' debole e indistinta al telescopio. Possiede un contrasto così basso che i suoi bracci a spirale si possono osservare solamente con strumenti superiori a mezzo metro di diametro. In fotografia ha una forma meravigliosa, tanto che le è valso l'appellativo di spirale perfetta.

La galassia M74 è considerata la spirale perfetta. Visibile con piccoli strumenti, è però molto evanescente.

| Piscis Austrinus – Pesce australe | In meridiano alle 22 del 1 Ottobre |

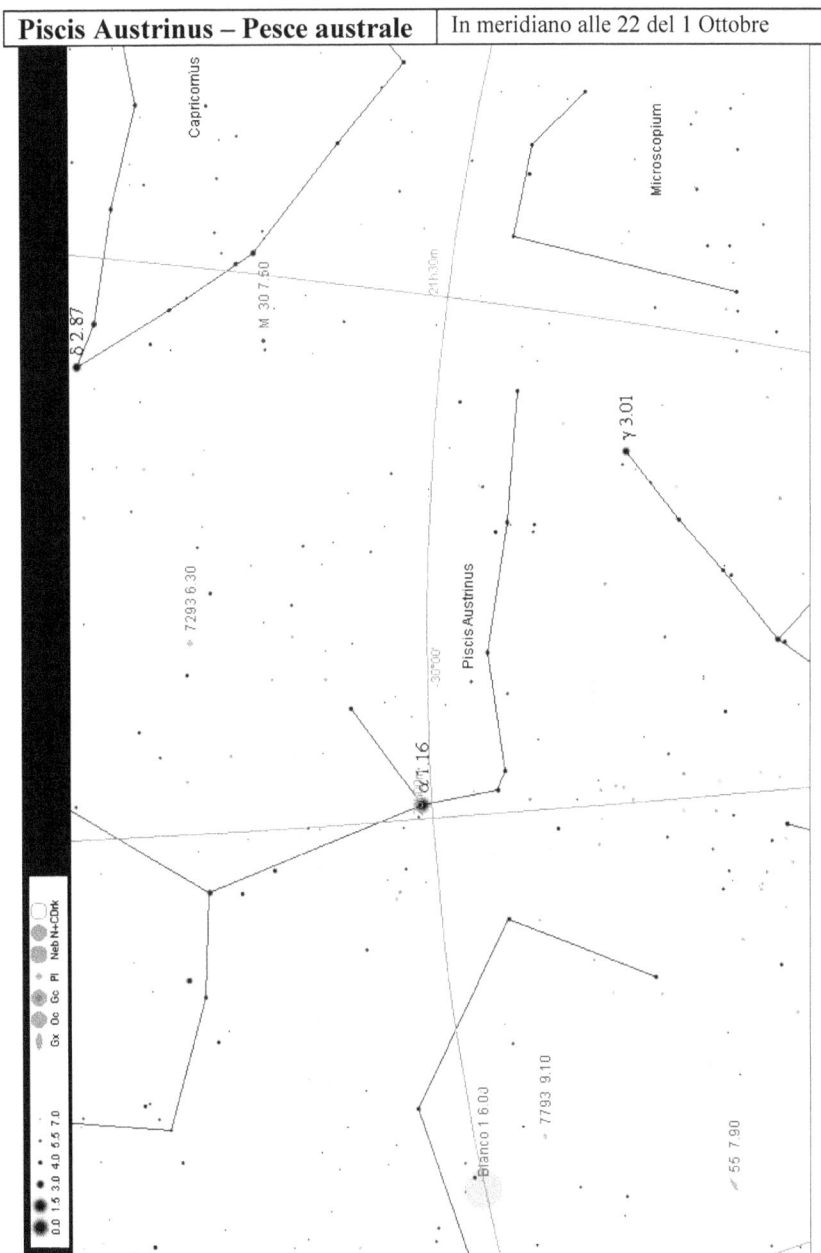

Descrizione
La storia della costellazione risale all'antica civiltà Babilonese e viene ripresa poi dai miti greci.
Secondo Eratostene, il pesce australe è il genitore dei due pesci dell'omonima costellazione, raccogliendo addirittura un mito la cui origine è probabilmente siriana.
La costellazione è facile da identificare perché contiene la brillante Fomalhaut, stella di prima magnitudine facilissima da identificare nelle serate autunnali a sud dell'Acquario, in una zona di cielo avara di astri brillanti.
Non contiene oggetti particolarmente luminosi ed interessanti attraverso i telescopi, anche perché la modesta altezza sull'orizzonte renderebbe problematica ogni osservazione.

Fomalhaut è la stella più luminosa in questa immagine che ritrae la costellazione del pesce australe.

Puppis et Pyxis – Poppa e bussola | In meridiano alle 22 del 20 Febbraio

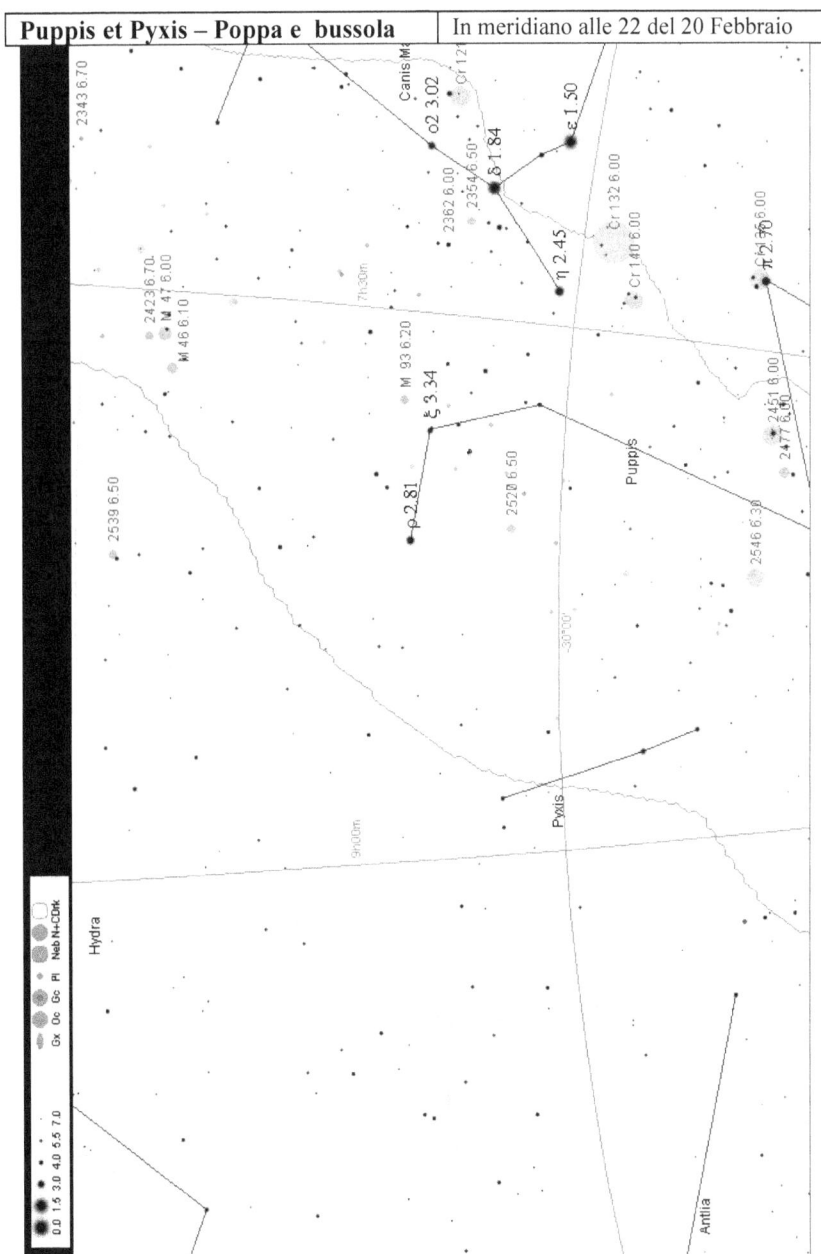

Descrizione
Una volta parte di una grande figura chiamata Nave Argo, Poppa e Bussola può considerarsi una costellazione doppia, visibile solamente in parte dalle località italiane, a sud-est del Cane maggiore.
Situata nel mezzo del disco galattico, contiene numerosi oggetti, principalmente ammassi aperti.

Oggetti principali
M46: Ammasso aperto luminoso, posto in una zona ricchissima di stelle e tanti altri piccoli ammassi, da esplorare assolutamente con un binocolo. Al telescopio si mostra concentrato ed esteso. Quasi al centro si trova una debole e piccola nebulosa planetaria, **NGC2438**, molto più vicina dell'ammasso, osservabile con strumenti di 200 mm.

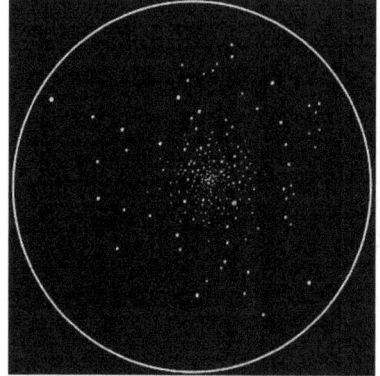

L'ammasso M46 osservato con uno strumento di 100 mm e 80 ingrandimenti.

M47: Altro ammasso aperto, prospetticamente molto vicino ad M46. Appare nello stesso campo di vista di un binocolo, appare totalmente risolto con ogni telescopio.

M46, a sinistra, ed M47, a destra, immersi nel tappeto di stelle della Via Lattea.

| Sagitta – Freccia | In meridiano alle 22 del 20 Agosto |

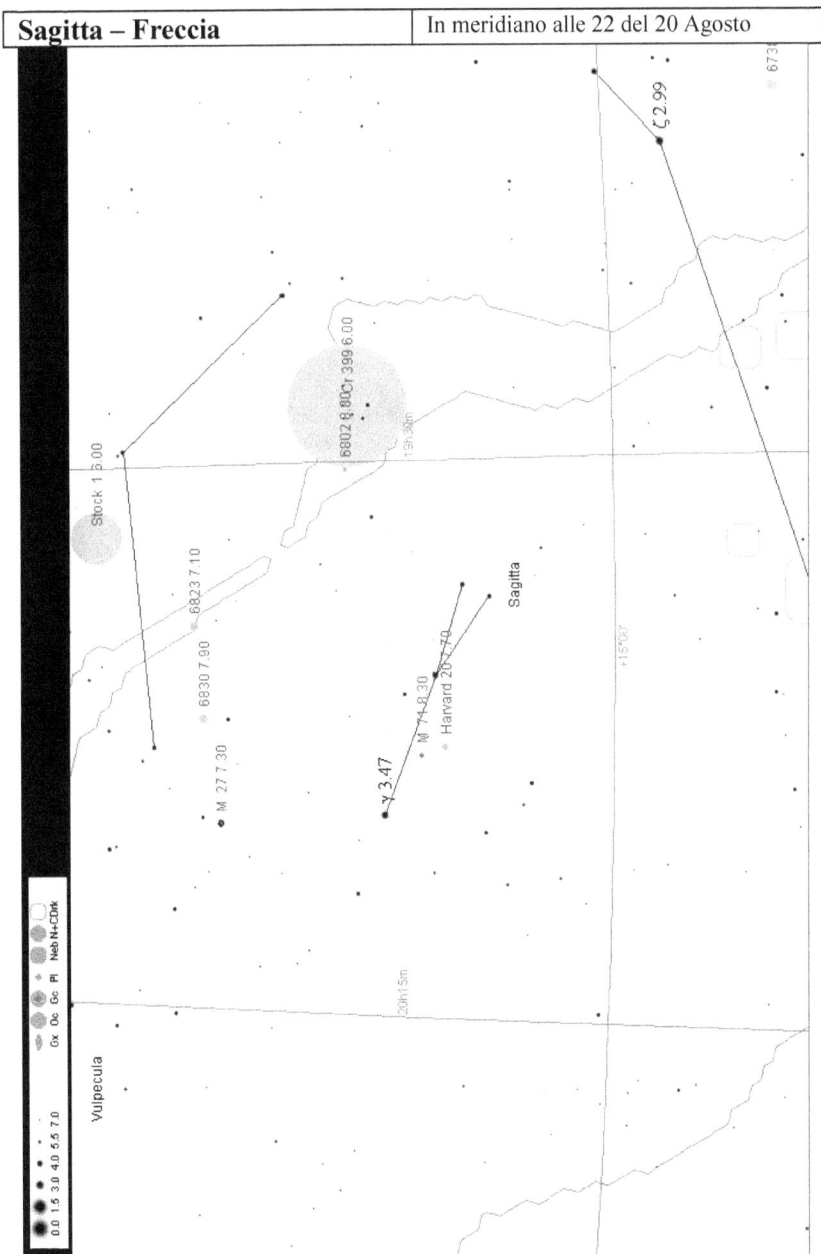

Descrizione
Costellazione dalla forma inconfondibile, tanto che fu chiamata in questo modo da Babilonesi, Ebrei, Egiziani, Greci e Romani.
L'origine mitologica è incerta, ma si pensa sia la freccia scagliata da Apollo per uccidere i Ciclopi, oppure una delle frecce usate da Ercole contro gli uccelli di Stinfalo, oppure ancora il dardo usato da Cupido per far nascere l'amore.
La Freccia è una costellazione piccola e composta da stelle poco brillanti. La sua forma inconfondibile fa sì che sia facile da identificare in cielo, tra l'Aquila ed il prominente Cigno.

Oggetti principali
M71: Un ammasso stellare dalla classificazione incerta. Alcuni ritengono sia un ammasso aperto molto denso, altri un globulare piuttosto rarefatto. A prescindere dalle definizioni (non molto amate dalla Natura), la sua osservazione è alla portata anche di un binocolo ma solo con un telescopio di 150 mm si possono risolvere magnificamente le sue stelle.

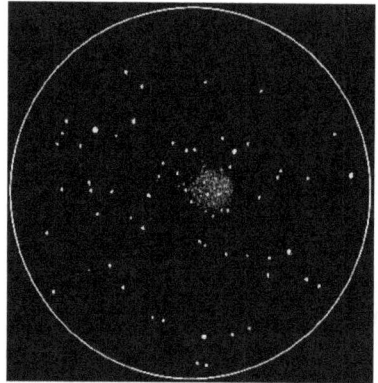
M71 visto attraverso un telescopio da 200 mm e 150 ingrandimenti.

La piccola costellazione della Freccia, nonostante composta da stelle deboli, è abbastanza facile da riconoscere in piena Via Lattea estiva, poco sopra la costellazione dell'Aquila. In questa immagine la potete vedere quasi al centro, leggermente spostata verso il basso.

| Sagittarius – Sagittario | In meridiano alle 22 del 1 Agosto |

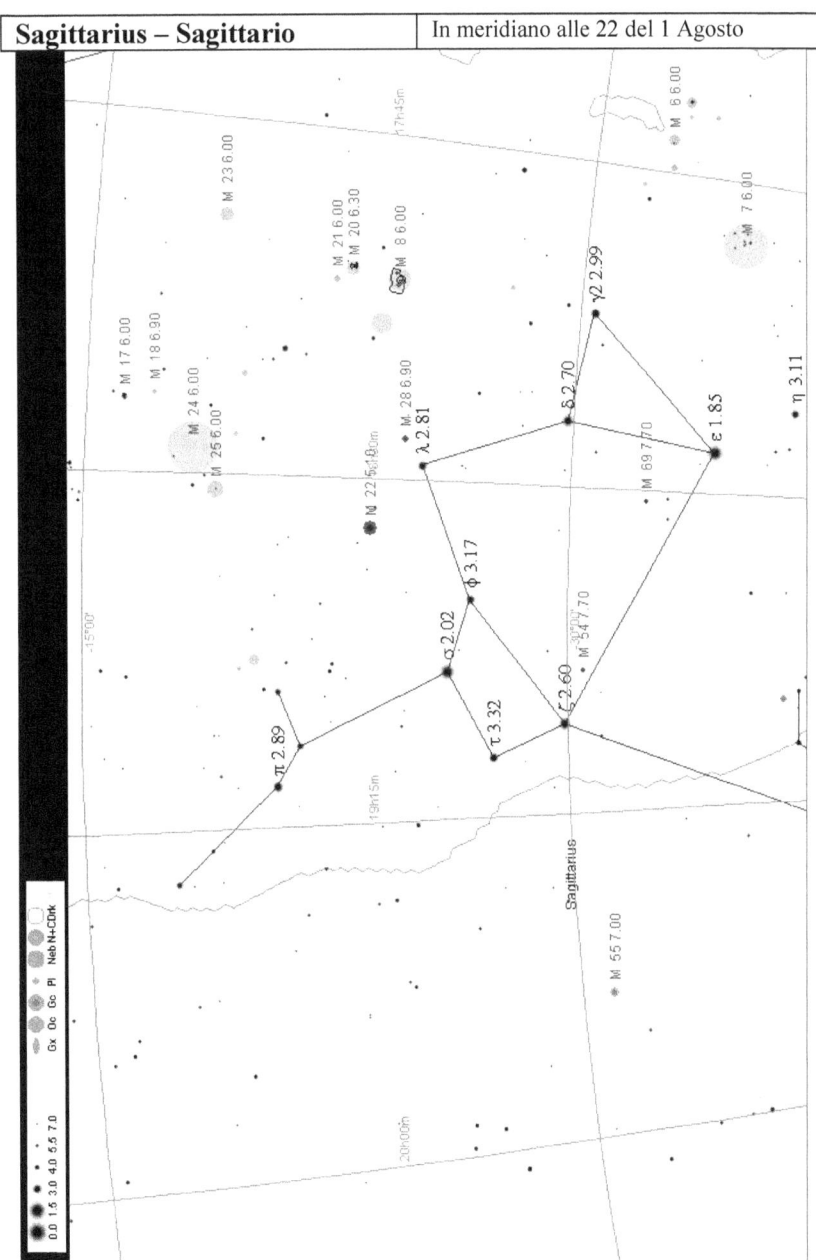

Descrizione
Sagittario è un centauro, animale mitologico metà uomo e metà cavallo, spesso identificato con Chirone, sebbene l'immagine del centauro che tiene teso un arco non corrisponda a Chirone, noto per la sua saggezza e gentilezza.
Secondo alcune leggende, fu Chirone a creare la figura celeste, per indicare, con la freccia tesa dal suo arco, la direzione per guidare Giasone e gli Argonauti in viaggio con la nave Argo.
Il Sagittario si trova prospetticamente sovrapposto al centro della nostra galassia, in una delle zone più ricche e spettacolari dell'intera sfera celeste.
Il corpo principale è facilissimo da identificare e sembra formare una casa con il tetto a punta. Contiene numerosi oggetti da osservare, ed è una costellazione nella quale perdersi per ore con un buon binocolo o un telescopio a basso ingrandimento.

Oggetti principali
M22: L'ammasso globulare più luminoso visibile dall'emisfero boreale, più brillante del grande ammasso di Ercole, benché meno spettacolare perché basso sull'orizzonte e meno denso. Visibile anche con il più piccolo strumento ottico, o addirittura ad occhio nudo, è il più facile da risolvere in stelle, a cominciare da strumenti di 120 mm. Le sue componenti più luminose sono infatti di magnitudine 11.

M8: La nebulosa Laguna è una grande nube di gas caldo visibile perfettamente ad occhio nudo come una piccola nube irregolare. Mostra la sua bellezza con un binocolo, meglio se un 20X80, che però richiede un treppiede. Al centro è ben visibile un gio-

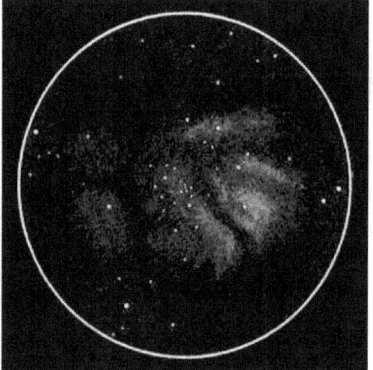
La nebulosa Laguna osservata attraverso uno strumento da 300 mm a bassi ingrandimenti.

vane ammasso aperto formatosi proprio dal gas che costituisce la nebulosa. Al telescopio, a causa della sua grande estensione, appare meno spettacolare con diametri modesti. Guadagna moltissimi punti con strumenti da 200 mm, risultando bellissima e piena di deboli sfumature.

M20: La famosa nebulosa Trifida, chiamata così perché se osservata con un telescopio da almeno 150 mm risulta attraversata da tre strisce scure che la dividono in altrettante porzioni quasi uguali. La parte settentrionale della nebulosa riflette la luce di una brillante stella ed è quindi una nebulosa a riflessione, mentre la parte più evidente è principalmente ad emissione. Oggetto bellissimo da osservare con ogni strumento, sebbene un po' evanescente nei piccoli diametri.

M17: La nebulosa Omega è un'altra grande nube di gas caldo, simile alla lettera greca che le ha valso questo appellativo. Visibile con ogni strumento, è spettacolare con telescopi di almeno 200 mm di diametro e naturalmente cieli scuri.

M28-54-55-69-70: Cinque ammassi globulari compresi tra la magnitudine 6 e 7,50, molto belli da osservare e confrontare con strumenti di 200 mm.

L'ammasso M22 è il più facile da risolvere, già con strumenti di 120 mm.

La nebulosa Trifida è spettacolare e facile da osservare con ogni strumento.

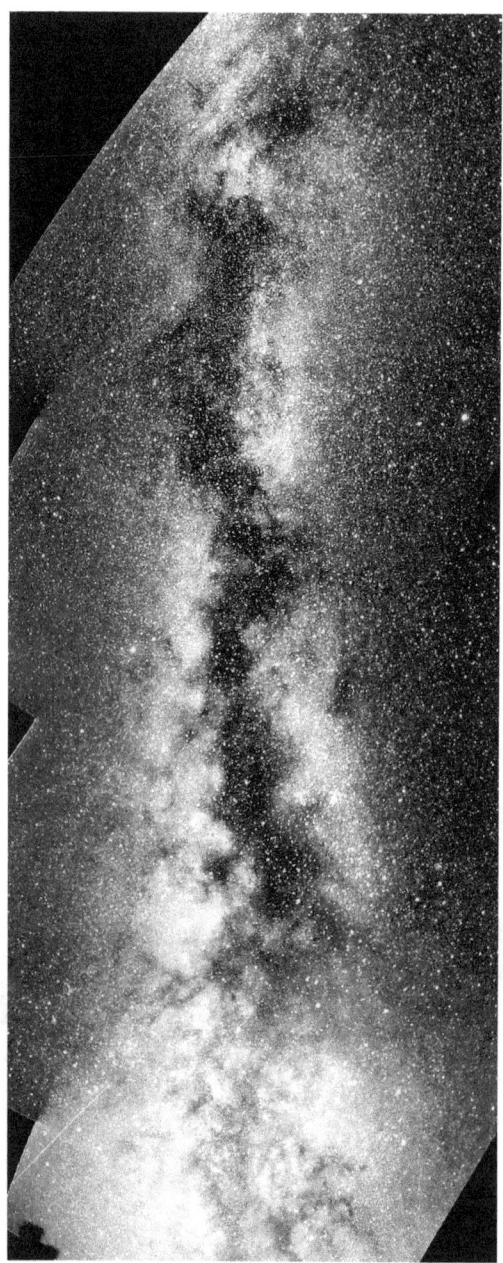

Fotografia a grande campo della Via Lattea estiva, dal Cigno (in alto) al Sagittario, effettuata con una vecchia reflex analogica e pellicola da 800 ISO. Mosaico di 4 immagini da 15 minuti ciascuna di esposizione.
Sebbene non con questi colori e contrasti, la Via lattea estiva, soprattutto nella costellazione del Sagittario, è evidente quando si osserva da un cielo veramente scuro non disturbato da luci artificiali.

| Scorpius – Scorpione | In meridiano alle 22 del 1 Luglio |

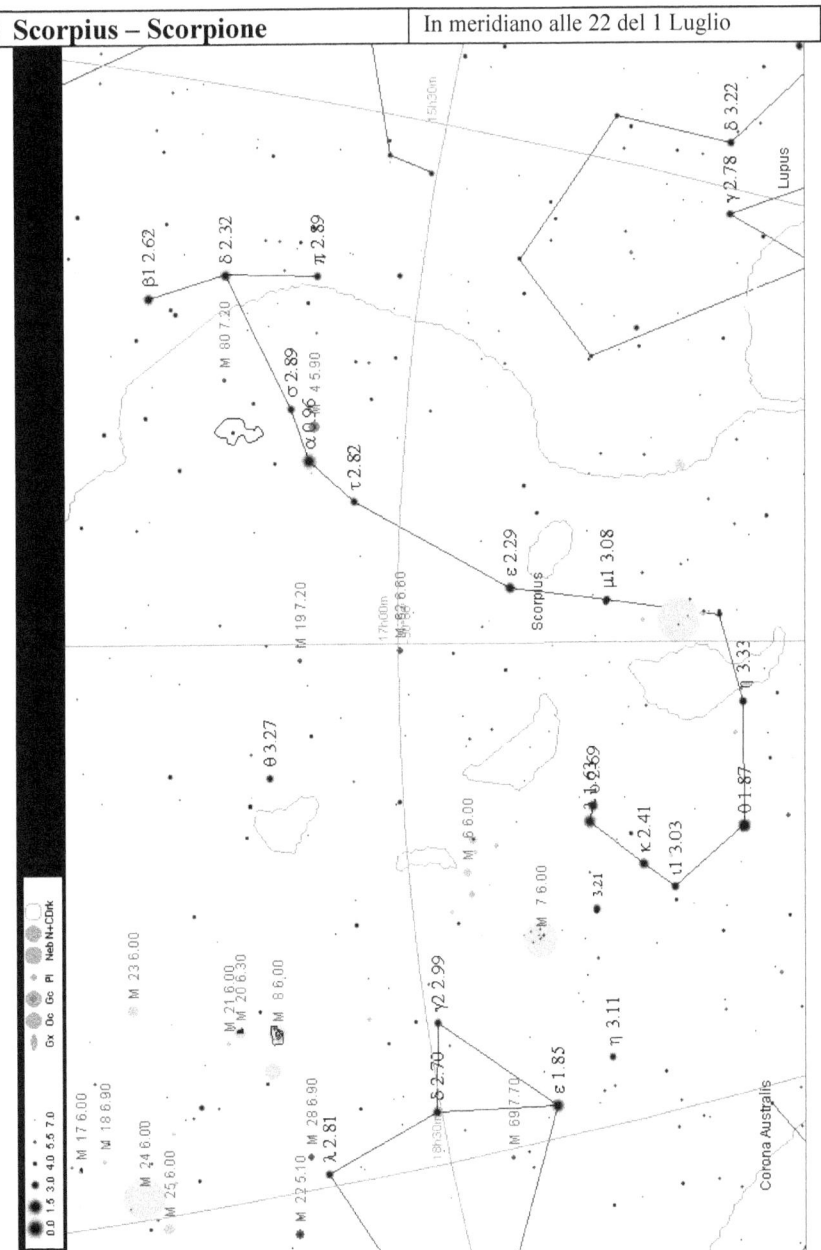

Descrizione
Lo Scorpione secondo i miti greci è l'animale che ha ucciso il cacciatore Orione ed è per questo che le due costellazioni sono poste agli antipodi del cielo. Secondo altri miti, tuttavia, Orione fu ucciso da Artemide, dopo aver accettato una sfida del gemello Apollo.
Lo costellazione dello Scorpione è bellissima e forse la più somigliante alla figura descritta. Dominata dalla stella rossa Antares, si staglia definita nel cielo estivo. La coda dello Scorpione è bassa sull'orizzonte e non sempre visibile dalle località che non dispongono di un orizzonte sud completamente libero.

Oggetti principali
M4: Ammasso globulare non molto denso ma facile da individuare anche con un binocolo, tra Antares e la stella σ. Si lascia risolvere in stelle con uno strumento da 150 mm, ma perde di fascino con ingrandimenti maggiori delle 100 volte.

L'ammasso globulare M4 è poco denso e facilissimo da rintracciare, non molto distante dalla brillante Antares.

M7: Grande e luminoso ammasso aperto, visibile anche ad occhio nudo. Con un binocolo regala belle emozioni; appare stupendo con un piccolo telescopio a bassi ingrandimenti.

M80: Piccolo ammasso globulare, ma sufficientemente luminoso per essere rintracciato anche con un binocolo. Solo uno strumento da 200 mm rivela le singole stelle fino alle regioni centrali.

NGC6231: Ammasso aperto abbastanza brillante, semplice da trovare con un binocolo e molto bello con un telescopio a bassi ingrandimenti.

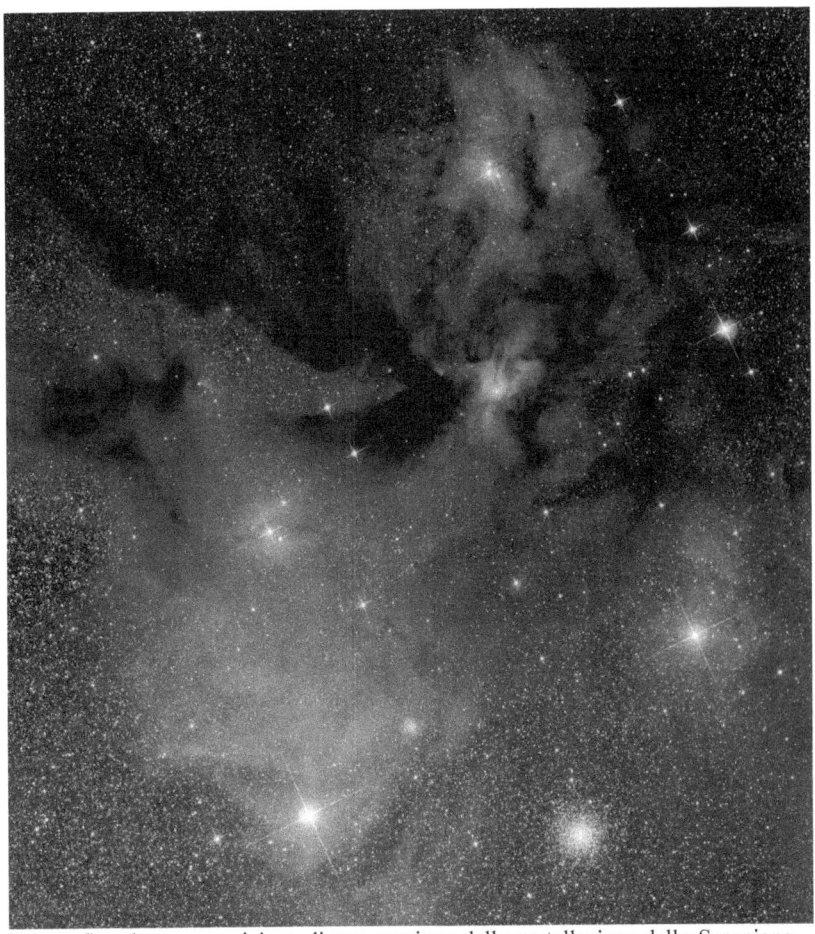

Fotografia a lunga esposizione di una porzione della costellazione dello Scorpione, centrata su Antares, la quale brilla in basso nella foto. E' ben visibile M4, tra Antares e sigma Scorpi. La regione, in prossimità del centro della Via Lattea, è ricchissima di nebulose a riflessione, emissione ed oscure, purtroppo impossibili da osservare, con qualunque strumento.

| Sculptor – Scultore | In meridiano alle 22 del 20 Ottobre |

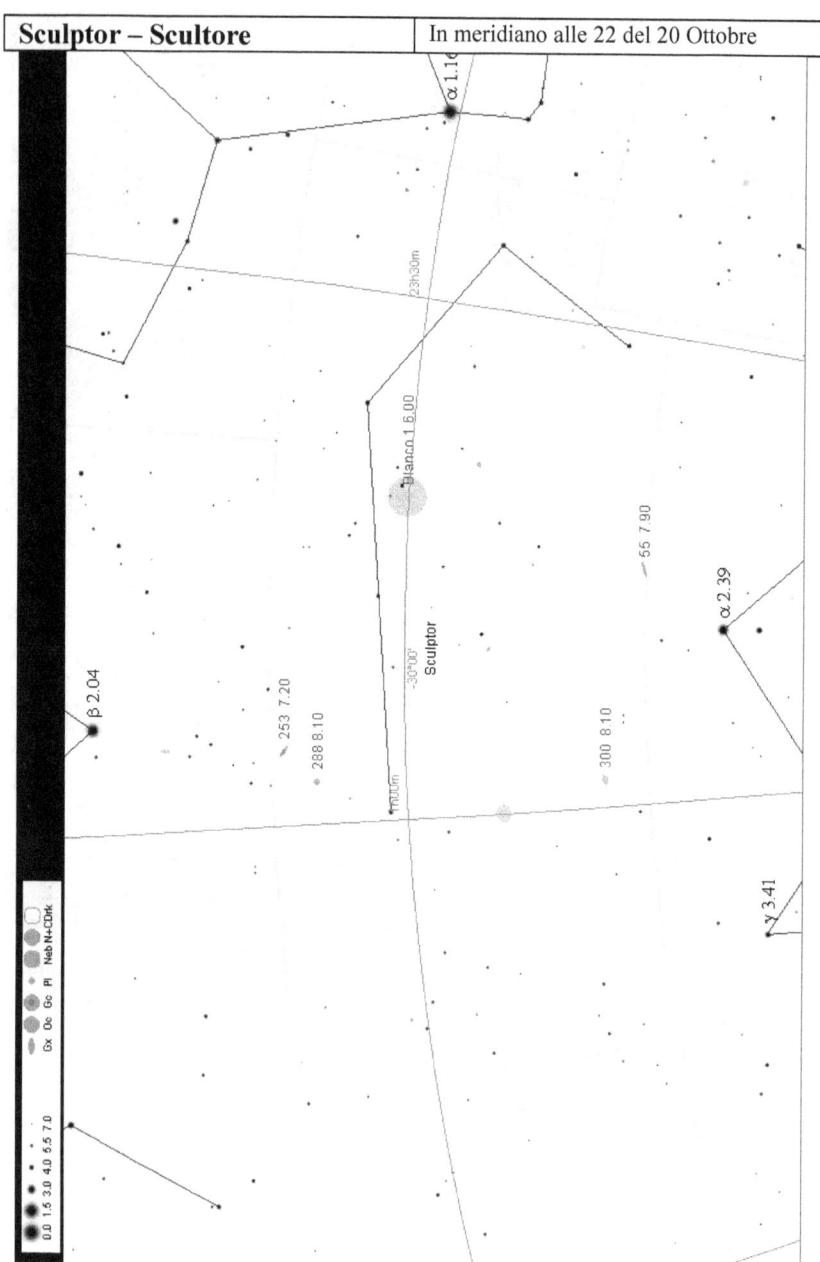

Descrizione
Costellazione recente e senza una particolare storia mitologica. Posta a basse declinazioni, non si eleva per più di 15° dalle regioni italiane. Contiene un paio di oggetti galattici piuttosto interessanti, sebbene a declinazioni fortemente negative.

Oggetti principali
NGC253: Brillante galassia a spirale vista quasi di profilo di magnitudine 7; una delle galassie più belle e facili da osservare, a patto di avere un cielo trasparente alle basse altezze alle quali si trova dalle località italiane. Visibile con ogni strumento ottico e dalla forma nettamente allungata, è ricca di soddisfazioni anche per i piccoli telescopi di 100 mm. Strumenti dal diametro doppio mettono in mostra diverse irregolarità nel disco.

NGC300: Altra brillante galassia a spirale, purtroppo estremamente penalizzata dalla bassa altezza sull'orizzonte, appena una decina di gradi per le regioni centrali italiane. Se il cielo è limpido è alla portata di qualsiasi telescopio.

La bellissima galassia NGC253 è emozionante attraverso ogni strumento. Qui la vediamo come appare in un telescopio da 250 mm a circa 150 ingrandimenti.

La stessa galassia fotografata attraverso uno strumento dello stesso diametro. La sua estensione è maggiore delle dimensioni del sensore di ripresa.

| Scutum – Scudo | In meridiano alle 22 del 1 Agosto |

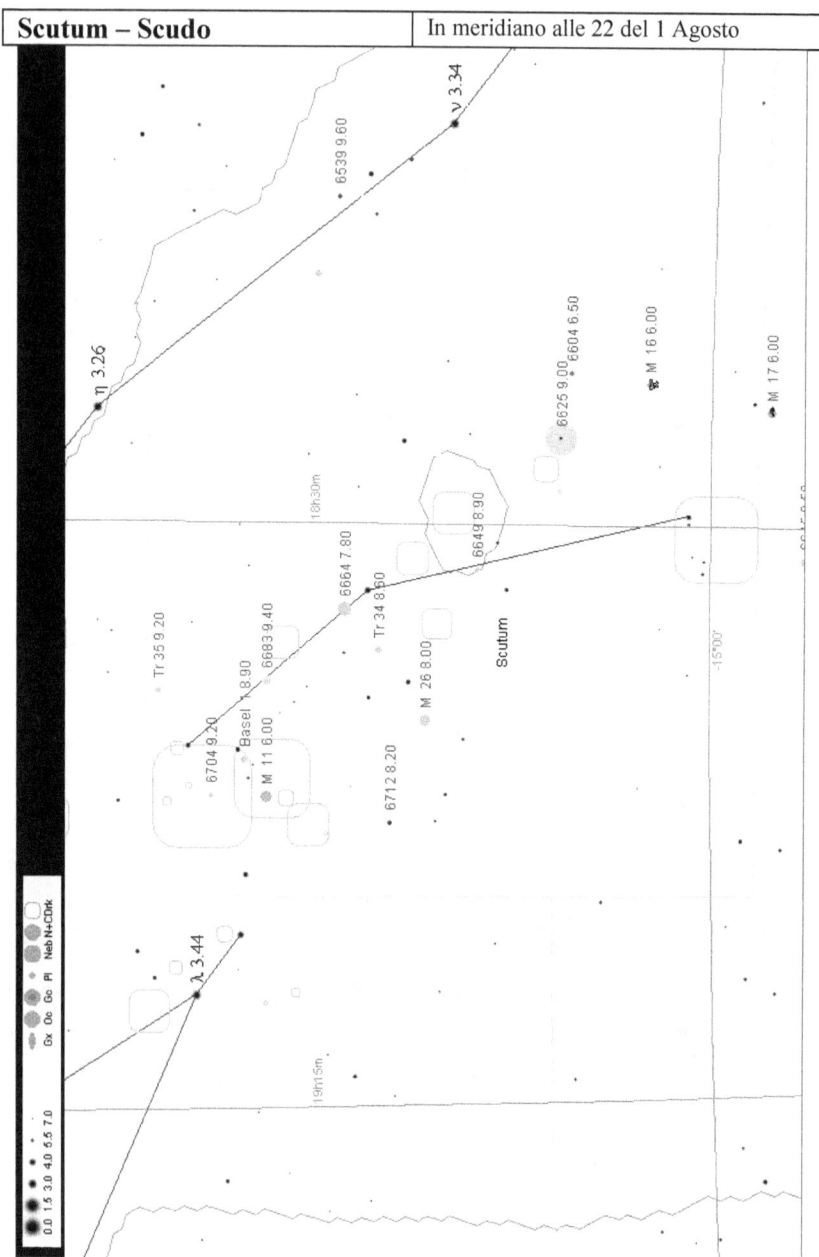

Descrizione
Costellazione recente, creata dall'astronomo *Johannes Hevelius* nel XVII secolo, in onore del re di Polonia *Giovanni III Sobieski*, dopo che riuscì a respingere l'invasione turca del 1683.
E' una figura poco appariscente, ma abbastanza agevole da osservare perché piccola e semplice, situata nel mezzo del disco della Via Lattea, tra l'Aquila (a nord) ed il Sagittario (a sud), quindi ricca di oggetti galattici, principalmente ammassi aperti.

Oggetti principali
M11: Soprannominato ammasso dell'anitra selvatica, è un ammasso aperto molto denso e concentrato, visibile anche con un binocolo. Rivela le sue stelle più brillanti ad un telescopio di almeno 100 mm utilizzato a 80-100 ingrandimenti. Davvero emozionante e risolto totalmente con uno strumento di 200 mm.

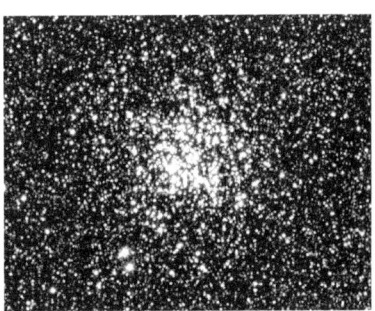

L'ammasso aperto M11 è molto bello, immerso nella Via Lattea estiva. Meglio osservarlo con un telescopio e almeno 100 ingrandimenti.

M26: Altro ammasso aperto, meno luminoso e denso di M11. Le sue stelle principali hanno tutte magnitudine superiore alla 9. L'osservazione è quindi appagante solamente con strumenti di almeno 90-100 mm.

Il punto brillante al centro ritrae l'ammasso M11, nel cuore della costellazione dello scudo, la quale si staglia su una zona particolarmente ricca di stelle della Via Lattea, soprannominata nube stellare dello scudo.

| Serpens – Serpente | In meridiano alle 22 del 20 Giugno (testa) e del 20 Luglio (coda) |

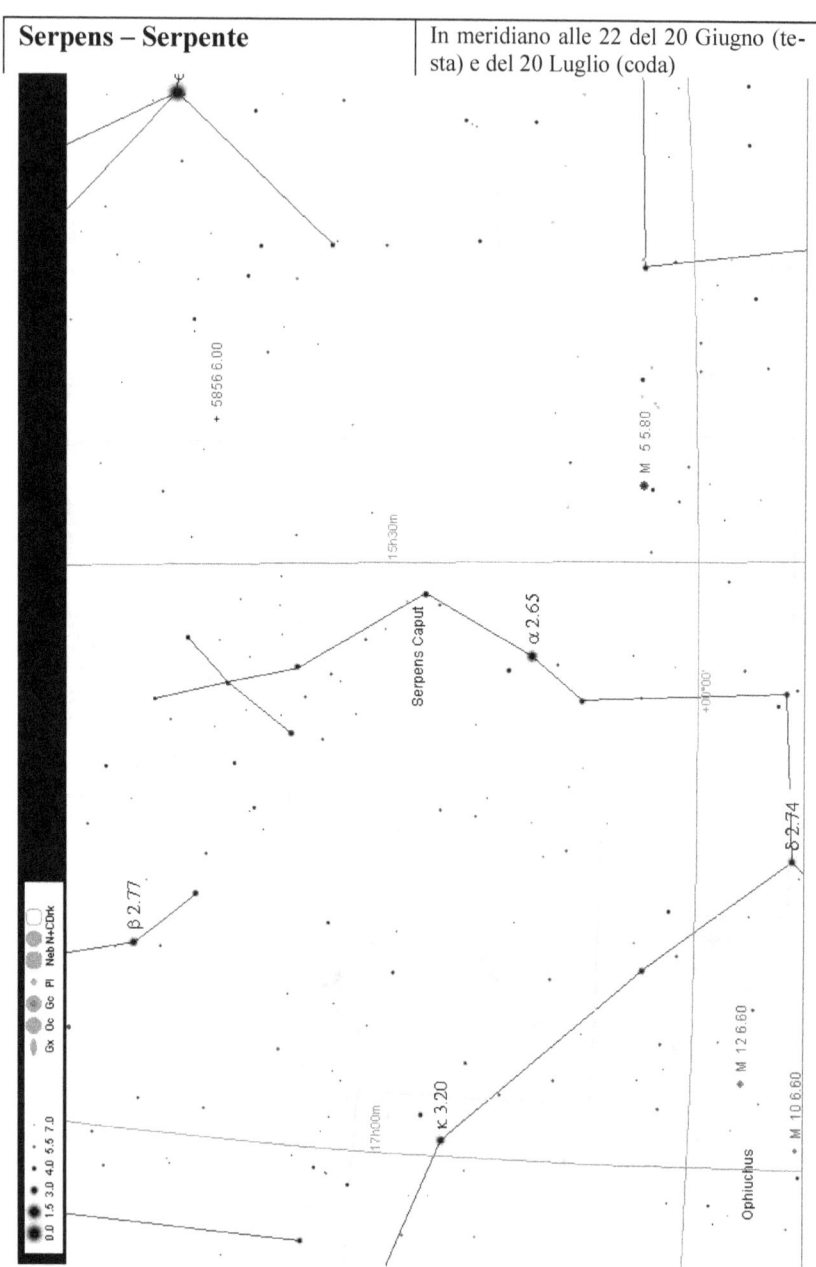

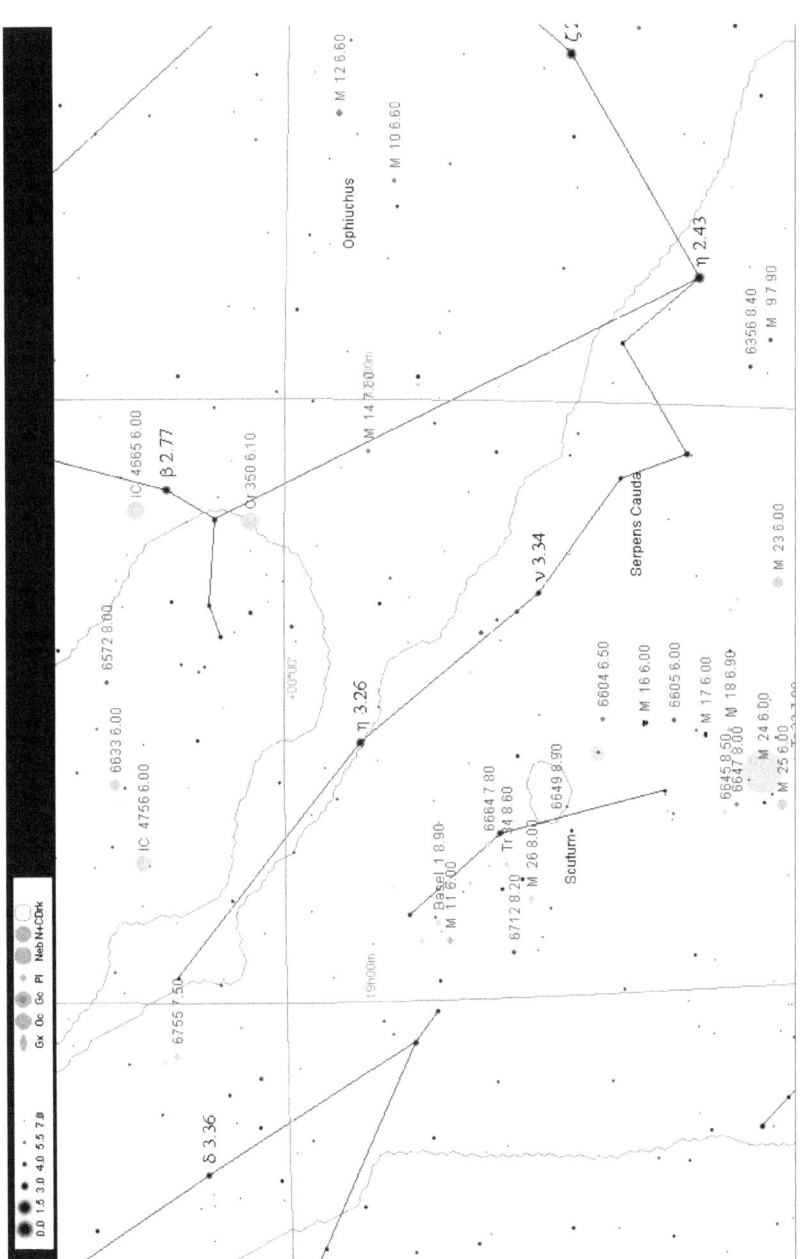

Descrizione
Il Serpente è sempre stato un animale molto presente nelle antiche culture, da quelle ebraiche a quelle greche e romane.
E' l'unica costellazione divisa in due, separata dal Serpentario (Ophiucus), con il quale un tempo formavano un'unica grande figura.
Abbastanza facile da osservare, soprattutto la testa (caput), ad ovest del Serpentario.

Oggetti principali
M5: Splendido ammasso globulare. Semplice da identificare con ogni binocolo, rivela le sue stelle a telescopi di almeno 150-200 mm. E' uno degli ammassi più concentrati, tanto che sono richiesti ingrandimenti oltre le 100 volte per risolvere le dense regioni centrali.

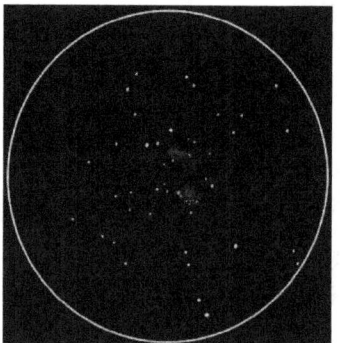

M16: Chiamata anche nebulosa Aquila, questa grande nube di gas incandescente assume vagamente la forma dell'elegante rapace se osservata con uno strumento da 200 mm. Al suo interno si trova un giovane ammasso aperto: un quadro magnifico con ogni strumento, sebbene la nebulosità risulti debole con diametri modesti.

La nebulosa aquila come appare in uno strumento di 150 mm a 40 ingrandimenti.

Un filtro nebulare, oppure, ancora meglio, uno centrato sulla riga dell'ossigeno ionizzato due volte (OIII), aiuta non poco a staccare questa e tutte le altre nebulose ad emissione dal fondo cielo, a patto, naturalmente, che sia scuro!

NGC6604: Ammasso aperto ad appena 1,5° a nord di M16, immerso in un ricchissimo campo di stelle. Facile da localizzare con un binocolo, mostra le sue gemme composte da brillanti e giganti stelle blu a telescopi di almeno 70 mm.

| Sextans – Sestante | In meridiano alle 22 del 20 Marzo |

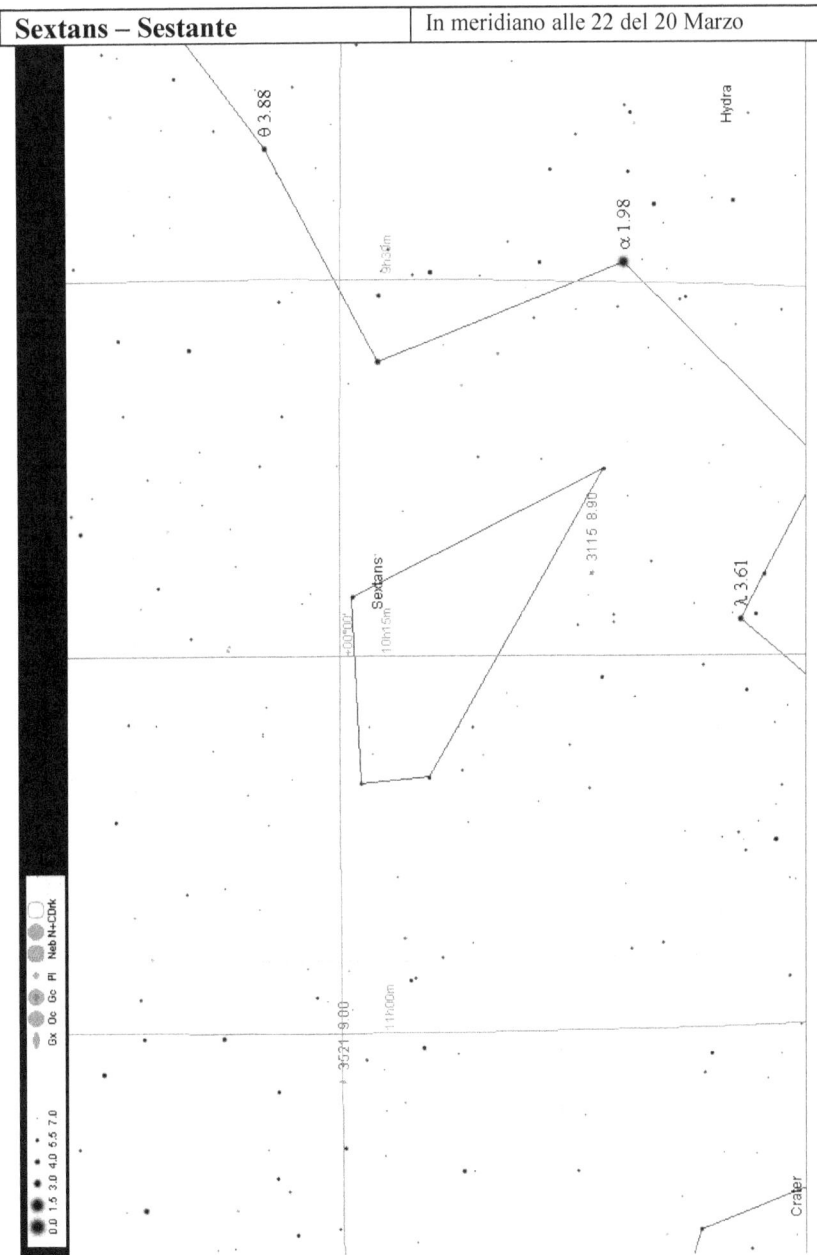

121

Descrizione
Anche questa figura è stata creata da *Johannes Hevelius*, che la identificò e le diede questo nome per ricordare l'omonimo strumento per la misura della posizione delle stelle che aveva perduto, distrutto assieme ad altri strumenti in un incendio avvenuto nel settembre del 1679.
Il Sestante è forse la costellazione più anonima della volta celeste, composta da quattro stelle di magnitudine 4, difficili da identificare. Contiene al suo interno un paio di galassie piuttosto deboli, di cui **NGC3115** è la più brillante. Si tratta di una galassia a spirale vista quasi esattamente di profilo, che appare evidentemente allungata e contrastata anche con strumenti di 90-100 mm. In realtà le recenti osservazioni classificano questo oggetto come una galassia lenticolare, a metà strada tra una spirale ed un'ellittica.

Provate ad individuare le deboli stelle del sestante. Vi do un paio di indizi: la stella azzurra in alto è Regolo, della costellazione del Leone, Quella in basso, gialla, è la stella alpha della costellazione di Idra. Il Sestante si trova a sinistra, leggermente più in alto.

| Taurus – Toro | In meridiano alle 22 del 1 Gennaio |

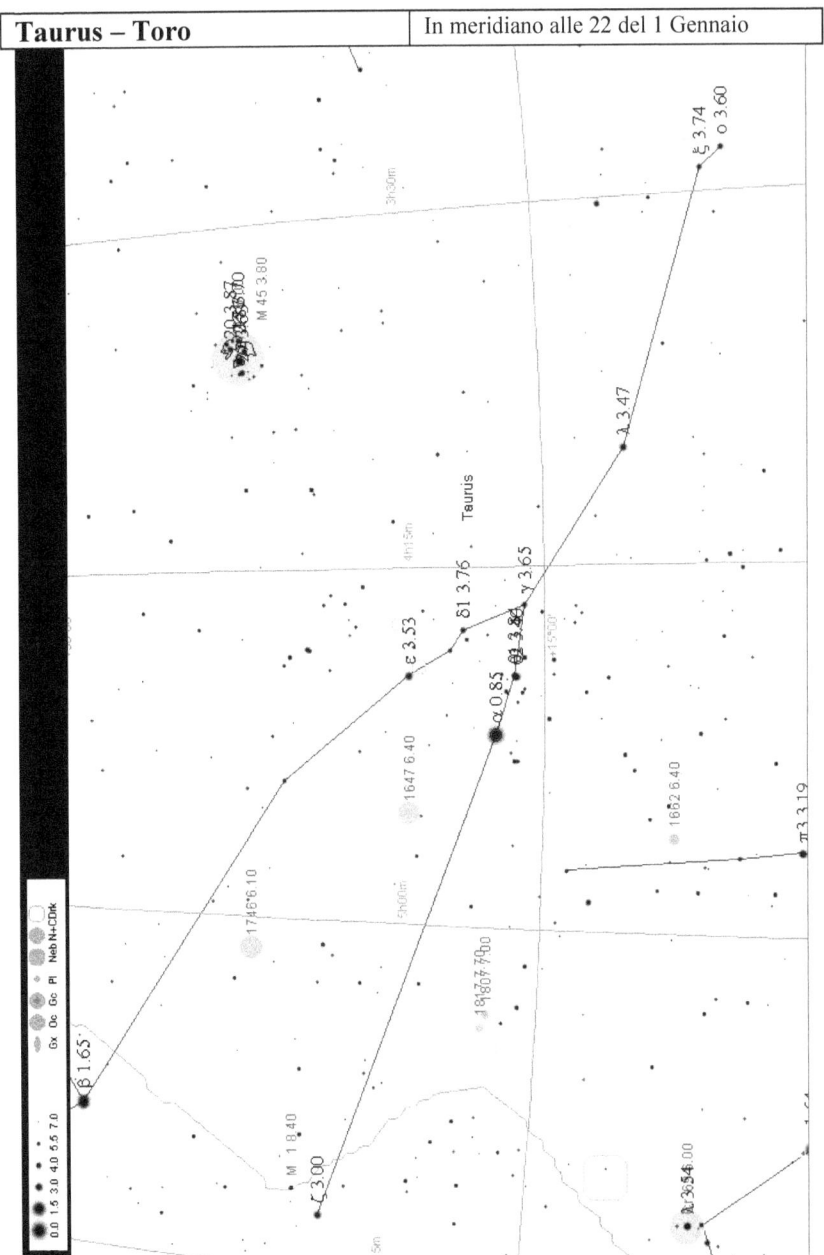

Descrizione
Identificata con un toro già 5000 anni fa dai Caldei, venerato da molti popoli come simbono di forza e fertilità.
I greci raffiguravano spesso Zeus sotto le sembianze di un toro.
Uno dei miti narra che Zeus era innamorato di Europa, figlia di Agenore, re della Fenicia, e per conquistarla un giorno si tramutò in un bellissimo toro bianco e si fece notare dalla fanciulla, che rimase incantata di fronte alla bellezza dell'animale che pascolava tra le mandrie del padre. Non appena la giovane si avvicinò, il toro si inginocchiò invitandola a salire sulla sua schiena. La fanciulla vi salì e allora il toro si alzò in piedi, si gettò in mare e cominciò a nuotare fino all'isola di Creta, nella quale Zeus fece della fanciulla la sua amante. Dal loro amore nacquero tre figli, di cui uno, Minosse, divenne il sovrano dell'isola. La costellazione celeste rappresenta solo la parte anteriore del toro che emerge dall'acqua.
Il Toro è una magnifica costellazione zodiacale, ricca di stelle brillanti e giovani e grandi ammassi aperti: le Iadi e le Pleiadi, vere gemme del cielo invernale.

Oggetti principali
M45: Le Pleiadi sono un ammasso aperto contenente qualche centinaio di stelle. Ad occhio nudo sono visibili chiaramente 7 stelle, chiamate sette sorelle fin dall'antichità. Anche nei racconti mitologici dei popoli nativi d'America, le sette stelle principali dell'ammasso sono state associate a 7 fanciulle. Secondo questa leggenda, le sette fanciulle si sono perse nel cielo durante una passeggiata e appaiono deboli perché offuscate dalle lacrime di nostalgia per la via ormai smarrita.
In una notte scura, un occhio ben allenato e sensibile è in grado di vedere fino a nove componenti, sparse su una zona di cielo oltre due volte più ampia della Luna piena. L'intero ammasso è facilissimo e bellissimo da osservare con un binocolo. Un piccolo telescopio, a bassi ingrandimenti, permette di scorgere gran parte delle 500 stelle, la cui distanza dalla Terra è di circa 410 anni luce. Uno strumento di almeno 200 mm, con un ingrandimento modesto, riesce a mostrare

anche parte della debole nebulosità a riflessione che avvolge l'ammasso.

Iadi: Il più grande ed esteso ammasso aperto è visibile sovrapposto alla luminosa stella rossa Aldebaran, la quale, però, non ne fa parte. Si osserva al meglio ad occhio nudo o con un binocolo.

M1: La nebulosa granchio è ciò che resta di una stella esplosa nel 1054 ed osservata anche in pieno giorno dalle popolazioni di quel periodo (soprattutto cinesi). Il resto dell'esplosione ha lasciato una debole e piccola nebulosa, visibile distintamente con uno strumento da 100 mm. I suoi intricati dettagli sono riservati solamente a grandi telescopi oltre il mezzo metro o alle fotografie, ma uno strumento di 200 mm mostra un oggetto interessante quanto raro.

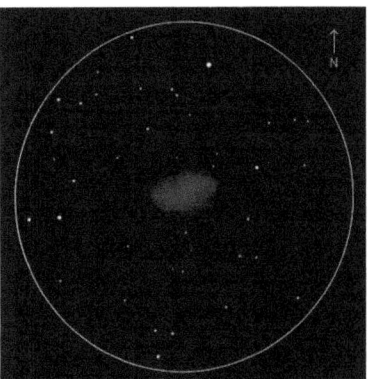

La nebulosa del granchio (M1) osservata con un telescopio da 200 mm sotto un cielo estremamente scuro.

Le Iadi, dominate da Aldebaran, sono l'ammasso aperto più vicino alla Terra, osservabili perfettamente ad occhio nudo. A destra potete vedere le Pleiadi. Più in basso, una cometa di passaggio.

Le Pleiadi, M45 sono l'ammasso più bello da osservare. La tenue nebulosità che le avvolge, ben visibile in questa immagine profonda, è solamente intuibile con strumenti di almeno 150 mm e cieli scuri.

Triangulum – Triangolo
In meridiano alle 22 del 20 Novembre

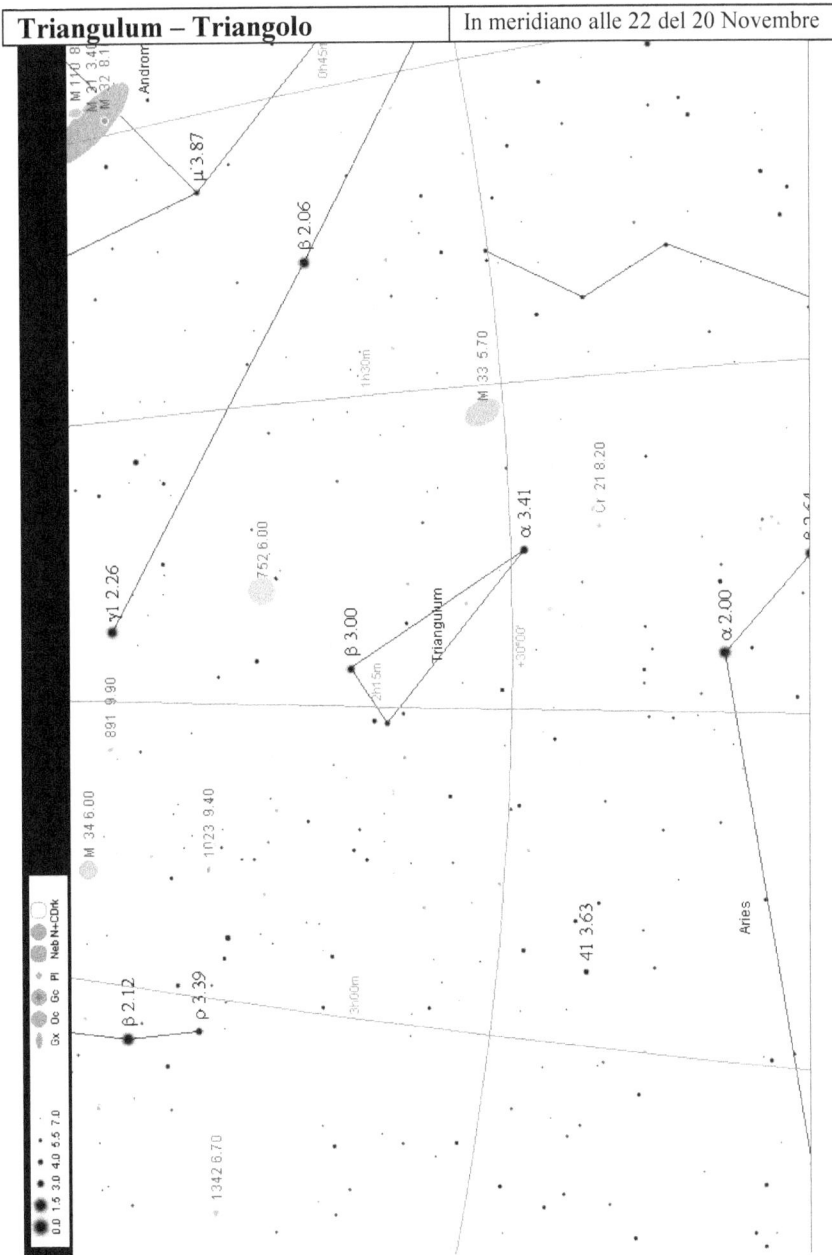

127

Descrizione
Questa piccola costellazione era nota presso i Greci per la somiglianza con la lettera delta (Δ). Alcuni ricercatori hanno messo in relazione la sua forma a quella del delta del Nilo, o alla forma della Sicilia. Si tratta di una piccola e debole costellazione, abbastanza facile da individuare nelle notti autunnali, compresa tra Ariete ed Andromeda. Contiene un solo oggetto degno di nota:

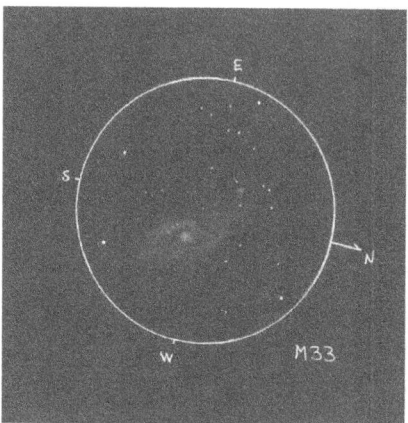

M33, la seconda galassia più vicina alla nostra, distante circa 2,5 milioni di anni luce. M33 è una spirale vista quasi esattamente di faccia, per questo piuttosto evanescente e trasparente. Nonostante una magnitudine integrata di 5,7, è uno degli oggetti in assoluto più difficili da osservare, con ogni strumento. Sotto i cieli più limpidi e scuri è visibile, debolissimamente e in visione distolta, ad occhio nudo: purtroppo questo è un evento che raramente si verifica dagli inquinati e luminosi cieli italiani.

La galassia M33 osservata con un telescopio da 250 mm si mostra ancora estremamente debole. E' uno degli oggetti brillanti più difficili da osservare.

Le migliori possibilità di osservarla si hanno con un binocolo, o al limite con un telescopio da 200 mm usato a bassissimi ingrandimenti (20-30X). In ogni caso, la visione non sarà quasi mai entusiasmante.

| Ursa Major – Orsa maggiore | In meridiano alle 22 del 20 Aprile |

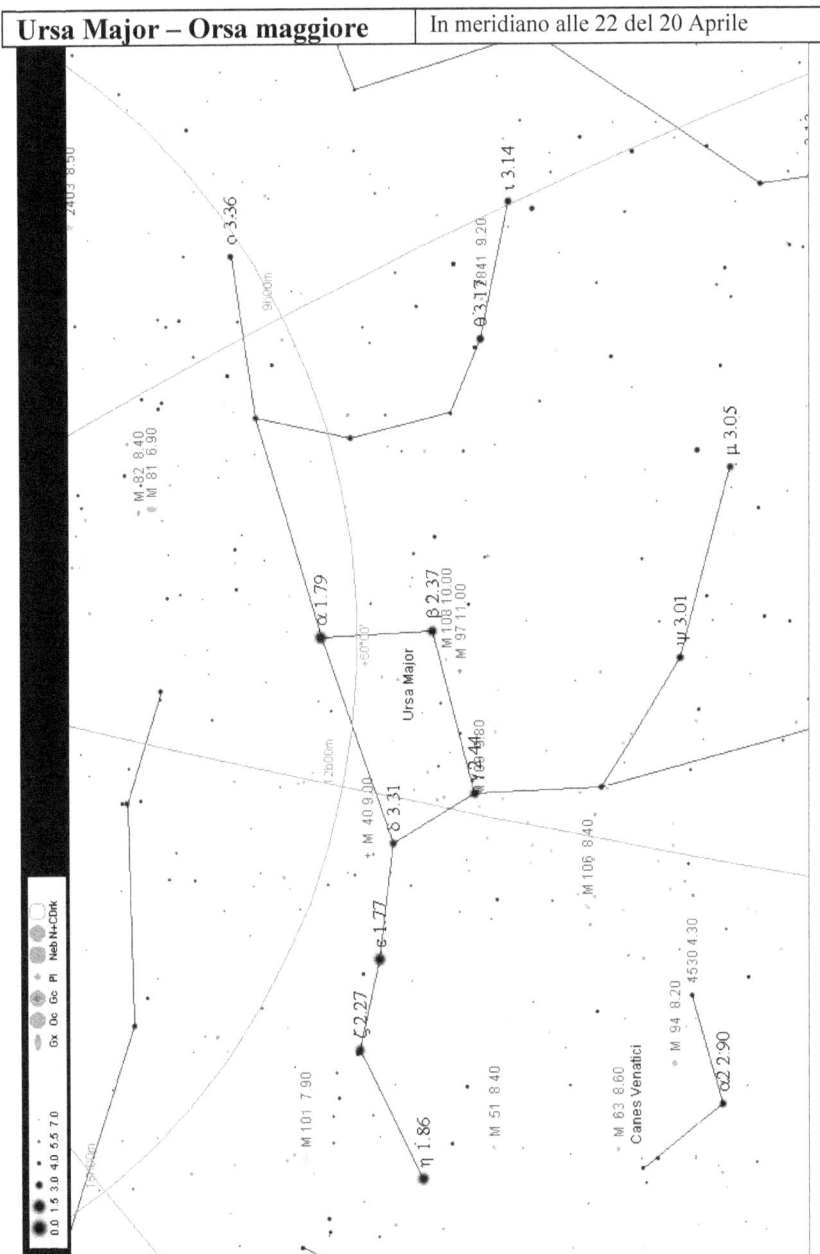

129

Descrizione
L'Orsa maggiore è forse la costellazione più antica e conosciuta. Molti racconti riguardano le sette stelle più luminose, che definiscono la figura inconfondibile del grande carro, visibile ad ogni ora nel cielo italiano.
Secondo un racconto Cherokee, il timone del carro rappresenta un gruppo di cacciatori all'inseguimento dell'orsa.
Secondo un racconto cinese, le stelle del carro formavano un recipiente per il razionamento e la distribuzione del cibo nei periodi di carestia.
Secondo la mitologia Greca, l'orsa rappresenta Callisto, amante di Zeus, tramutata in orso da Artemide, sentitasi ingannata perché Zeus per sedurre la fanciulla, sua protetta, aveva assunto le sue sembianze. Callisto fu quasi uccisa dal figlio avuto con Zeus, Arcade, ma Zeus e Artemide intervennero in tempo, salvandola, trasformando Arcade in Orso e ponendo entrambi in cielo. Callisto rappresenta quindi l'Orsa maggiore, il figlio la minore.
La costellazione dell'Orsa maggiore è spesso confusa con la figura del grande carro, che in realtà rappresenta solo una parte dell'intera e ben più estesa figura celeste. Il carro è facilissimo da individuare in ogni periodo dell'anno e contiene sette brillanti stelle visibili anche nelle luminose città. La figura dell'orsa è invece ben più difficile da individuare, ma con una buona mappa sarà solo questione di un paio di minuti.

Oggetti principali
M101: Grande galassia a spirale vista quasi di fronte, distante 16 milioni di anni luce. L'osservazione, come per tutte le galassie a spirale viste di faccia, non è per niente facile, tanto che si ha quasi l'impressione di osservare un fantasma che tende a scomparire alla minima luce nel cielo. Si avvista, molto debole, con un binocolo da 60-80 mm; è un obiettivo abbastanza facile per un telescopio da 150 mm, sebbene si mostri completamente priva di dettagli e con un nucleo molto diffuso.

M81: Galassia a spirale vista quasi di fronte, piuttosto luminosa ed estesa quasi quanto la Luna piena. Facilissima da individuare anche con un binocolo, come molte galassie è avara di dettagli e mostra i suoi bracci solamente a telescopi di almeno 300 mm.

M82: Detta la galassia sigaro, appare prospetticamente molto vicina ad M82, tanto che possono essere inquadrate nello stesso campo di un binocolo o di un telescopio munito di un oculare a grande campo e modesto ingrandimento. Benché complessivamente meno luminosa di M81, è molto più facile da osservare poiché possiede una luminosità superficiale maggiore. Si individua con un binocolo da 50 mm e si mostra già evidente con strumenti di 100 mm. Un telescopio La galassia sigaro M82 come appare all'oculare di un telescopio da 250 mm. A differenza di molte altre galassie è piuttosto luminosa e contrastata. di diametro doppio, usato ad almeno 100 ingrandimenti, permette di notare qualche disomogeneità nel disco.

M97: Soprannominata nebulosa gufo, a causa di due zone meno luminose che le danno l'aspetto degli occhi dell'uccello notturno (con molta fantasia!). E' uno degli oggetti più difficili da osservare del catalogo compilato da *Charles Messier* nel XVII secolo. Nebulosa planetaria dal diametro abbastanza ampio per questa classe di oggetti, si avvista, seppur a fatica, con uno strumento di 90-100 mm. La forma

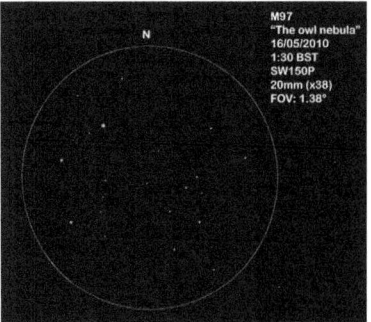

La nebulosa planetaria Gufo è piuttosto difficile da osservare chiaramente con piccoli strumenti. Qui come appare ad un telescopio di 150 mm.

simile ad un gufo la rivela solamente a strumenti da 250, meglio 300 mm.

M109: Splendida galassia a spirale barrata, immediata da puntare a soli 40' ad est di γ (gamma) Ursae Majoris. Piuttosto difficile da osservare con strumenti inferiori ai 100 mm, rappresenta un facile bersaglio per telescopi di almeno 200 mm, mostrandosi visibilmente allungata.

Mizar: La seconda stella del timone del carro è una famosa stella doppia. Le due componenti principali, Mizar (la più luminosa) e Alcor si separano ad occhio nudo. In realtà le due stelle costituiscono una doppia apparente, un avvicinamento dovuto alla prospettiva dell'osservatore. Un piccolo telescopio è in grado di mostrare la natura doppia, questa volta reale, di Mizar, con una separazione di circa 14,5".

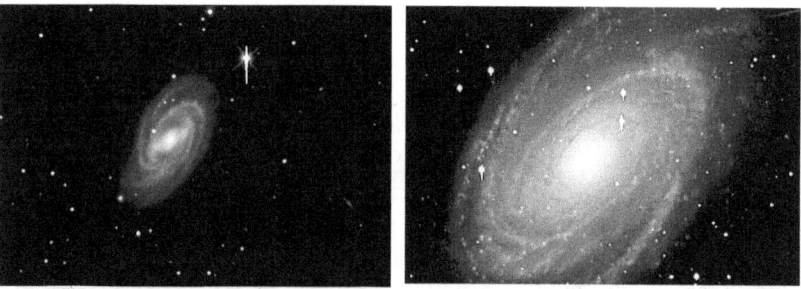

Fotografie a lunga esposizione effettuate con un telescopio da 250 mm di M109 (a sinistra) ed M81 (a destra) rivelano notevoli dettagli di questi oggetti. L'osservazione visuale, attraverso lo stesso strumento, è molto più povera di dettagli perché l'occhio, al contrario dei sensori digitali, non può allungare il tempo di esposizione.

| Ursa Minor – Orsa minore | In meridiano alle 22 del 10 Giugno |

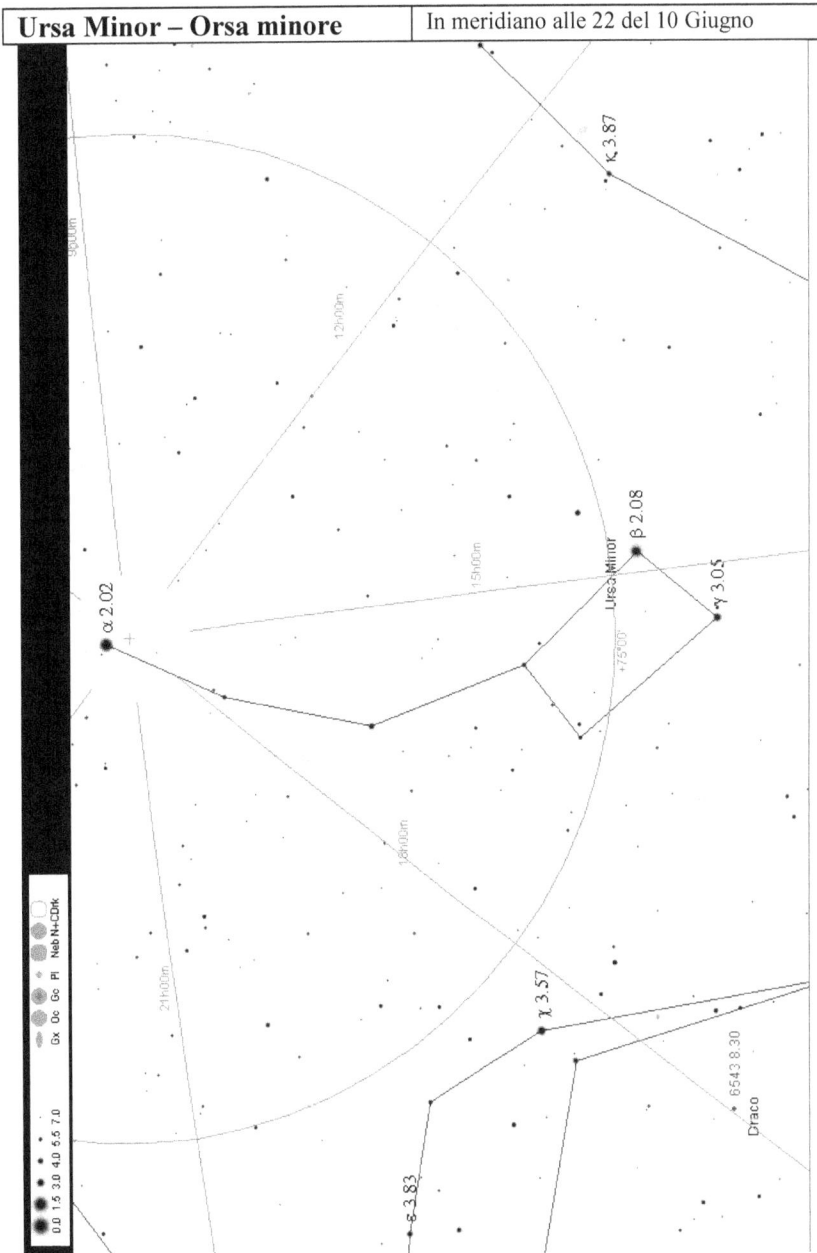

Descrizione
Costellazione antichissima, che secondo il mito greco rappresenta Arcade, figlio di Zeus e Callisto, trasformato in orso e posto nel cielo insieme alla madre dal re degli dei.
L'Orsa minore (di cui il piccolo carro è la parte più appariscente) è piuttosto difficile da osservare ad occhio nudo se il cielo non è scuro. La stella principale è sicuramente la Polare, sia per la maggiore luminosità rispetto alle altre, sia perché è posizionata a circa 40' dal polo nord celeste e per questo motivo rappresenta un prezioso indicatore per trovare questo punto immaginario nel cielo. Nei secoli passati era l'unico modo che permetteva ai marinai ed ai primi esploratori di orientarsi durante i lunghi viaggi.
La **stella Polare** è una variabile di tipo Cefeide, distante 820 anni luce e parte di un sistema doppio, separato di 18". La seconda componente è molto più debole e splende di magnitudine oltre la 8, facile da osservare con uno strumento di almeno 70 mm.
Non vi sono oggetti di rilievo da osservare in questa porzione di cielo, a dir la verità abbastanza povera anche di stelle brillanti.

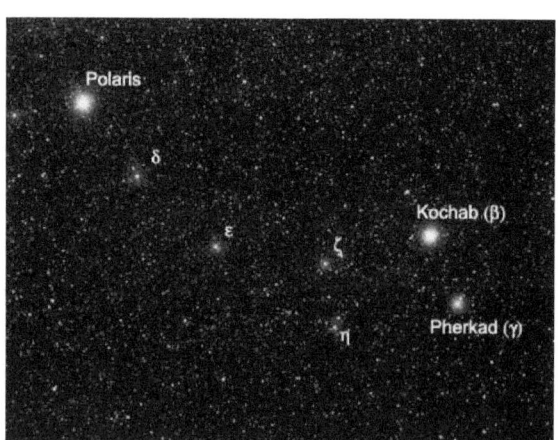

La figura del piccolo carro è piuttosto debole e dominata dalla stella Polare, una variabile cefeide che lentamente cambia la sua luminosità, seppur di poco.

| Virgo – Vergine | In meridiano alle 22 del 10 Maggio |

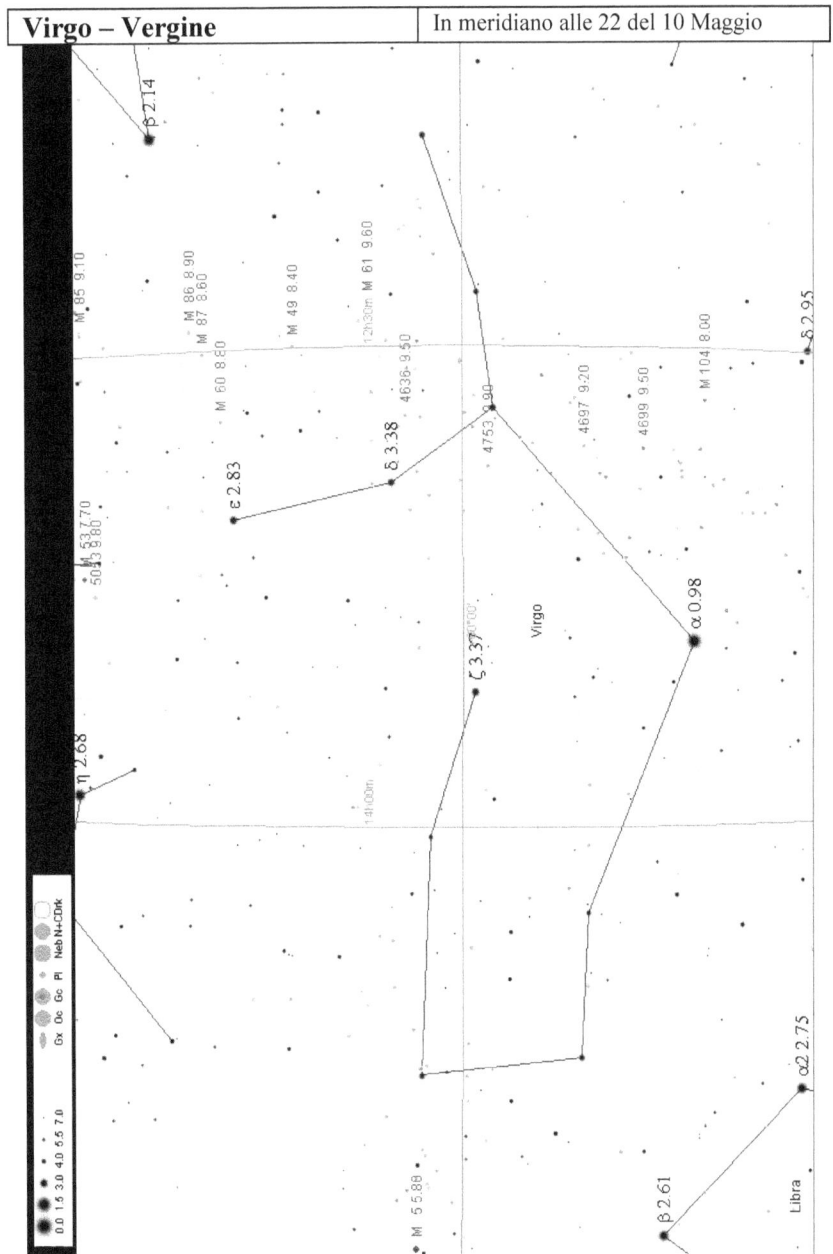

Descrizione
L'unica figura femminile dello zodiaco, è stata identificata, nel corso dei secoli, con tante divinità.
Per i Babilonesi era Ishtar, dea della fertilità; per i Romani Astrea, dea della giustizia.
La vergine è rappresentata spesso come una figura femminile che tiene su una mano una spiga e sull'altra una bilancia, costituita dalla vicina costellazione.
La Vergine è una costellazione molto evidente nel cielo primaverile, ad est dell'imponente Leone. Riconoscerla non è difficile se si parte da Spica, la stella più brillante, la quale identifica proprio la spiga della vergine. Pensate che Spica è una stella oltre 2000 volte più luminosa del Sole.
Trovandoci lontano dal disco galattico, non possiamo aspettarci di trovare molti oggetti galattici, quali ammassi stellari e nebulose.
La zona, in effetti, è povera di questi oggetti ma è estremamente ricca di galassie, grazie alla presenza dell'ammasso di galassie della Vergine, un gigantesco agglomerato composto da oltre 2000 galassie, tutte legate dalla forza di gravità, esattamente come le stelle di un ammasso stellare. Distante circa 65 milioni di anni luce, produce una forza di gravità così intensa che sta attirando a se anche la nostra galassia, alla velocità di circa 600 chilometri al secondo, senza che noi ce ne accorgiamo!
L'osservazione dell'ammasso di galassie della Vergine è entusiasmante da condurre con un telescopio, che vi mostrerà, nell'arco di una quindicina di gradi, decine di piccoli batuffoli, ognuno contenente decine, se non centinaia, di miliardi di stelle.

Oggetti principali
M84-86: Due galassie ellittiche molto vicine. M86 è più grande e leggermente allungata, mentre M84 è più compatta e di apparenza stellare. Sono alla portata anche di un binocolo da 50 mm, evidenti con uno da 80 mm. Al telescopio non mostrano dettagli, se non un alone maggiormente esteso ed evidente quanto più grande è il diametro dello strumento usato per l'osservazione.

M87: Gigantesca galassia ellittica, contenente qualcosa come 1000 miliardi di stelle, con un'estensione pari alla distanza tra la Via Lattea ed Andromeda, è uno dei giganti del cielo. E' visibile con ogni telescopio, ma come qualsiasi galassia ellittica è povera di dettagli, a prescindere dalla potenza dello strumento. Un telescopio da 150-200 mm la mostra abbastanza staccata dal fondo cielo e dai confini indefiniti, come tutte le galassie ellittiche. Le fotografie condotte con gli stessi strumenti mostrano un enorme getto di materia uscire, a velocità prossime a quelle della luce, dal centro, nel quale si pensa si trovi un gigantesco buco nero di miliardi di masse solari. Nell'alone galattico sono evidenti centinaia, se non migliaia, di ammassi globulari. Si pensa che la galassia ne contenga oltre 10000! Siamo davvero di fronte ad un mostro del cielo!

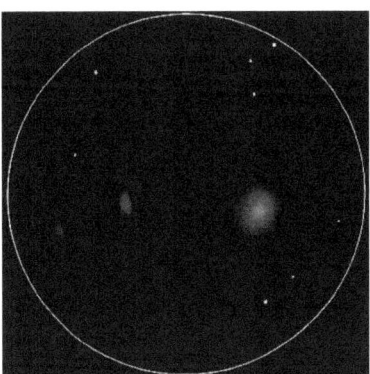
La galassia ellittica M87 circondata da galassie minori, nel cuore dell'ammasso della Vergine, come appare all'oculare di un telescopio da 250 mm

M49: La galassia ellittica più brillante dell'ammasso, visibile tutti i telescopi, è priva di ogni dettaglio al di la di un nucleo brillante circondato da un alone diffuso.

M104: Soprannominata galassia sombrero, è una spirale vista quasi esattamente di taglio, a sud dell'ammasso di cui forse non ne fa parte. Nelle osservazioni ricorda la tipica forma del copricapo messicano. E' evidente con

La galassia sombrero (M104) attraverso uno strumento da 200 mm mostra la forma caratteristica che le è valsa questo nome.

piccoli strumenti da 90-100 mm, mostra la sua forma curiosa, dovuta alla banda di polveri che attraversa il disco, solamente a telescopi di 150 mm.

3C273: Questa strana sigla identifica il quasar (nucleo molto brillante di una galassia) più luminoso del cielo. Sfortunatamente è solo di tredicesima magnitudine, quindi alla portata di strumenti a partire da 200 mm, ma rappresenta l'oggetto più distante osservabile con un telescopio: ben 3 miliardi di anni luce!

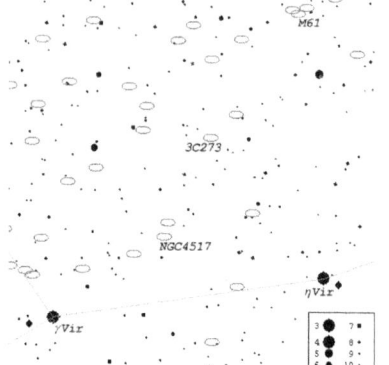

3C373 è l'oggetto più distante che si può osservare con telescopi amatoriali.

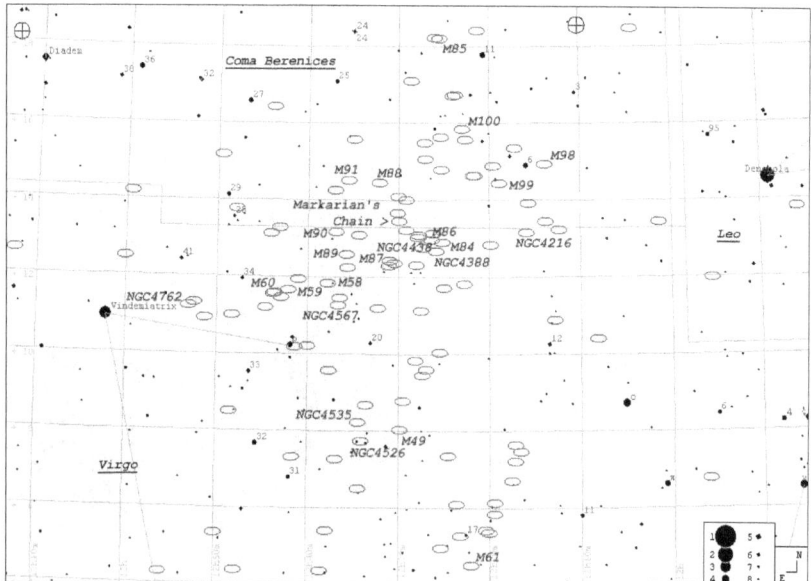

Mappa dell'ammasso di galassie della Vergine. Molte delle galassie sono osservabili addirittura con un binocolo, tutte con telescopi di 150-200 mm di diametro.

| Vulpecula – Volpetta | In meridiano alle 22 del 20 Agosto |

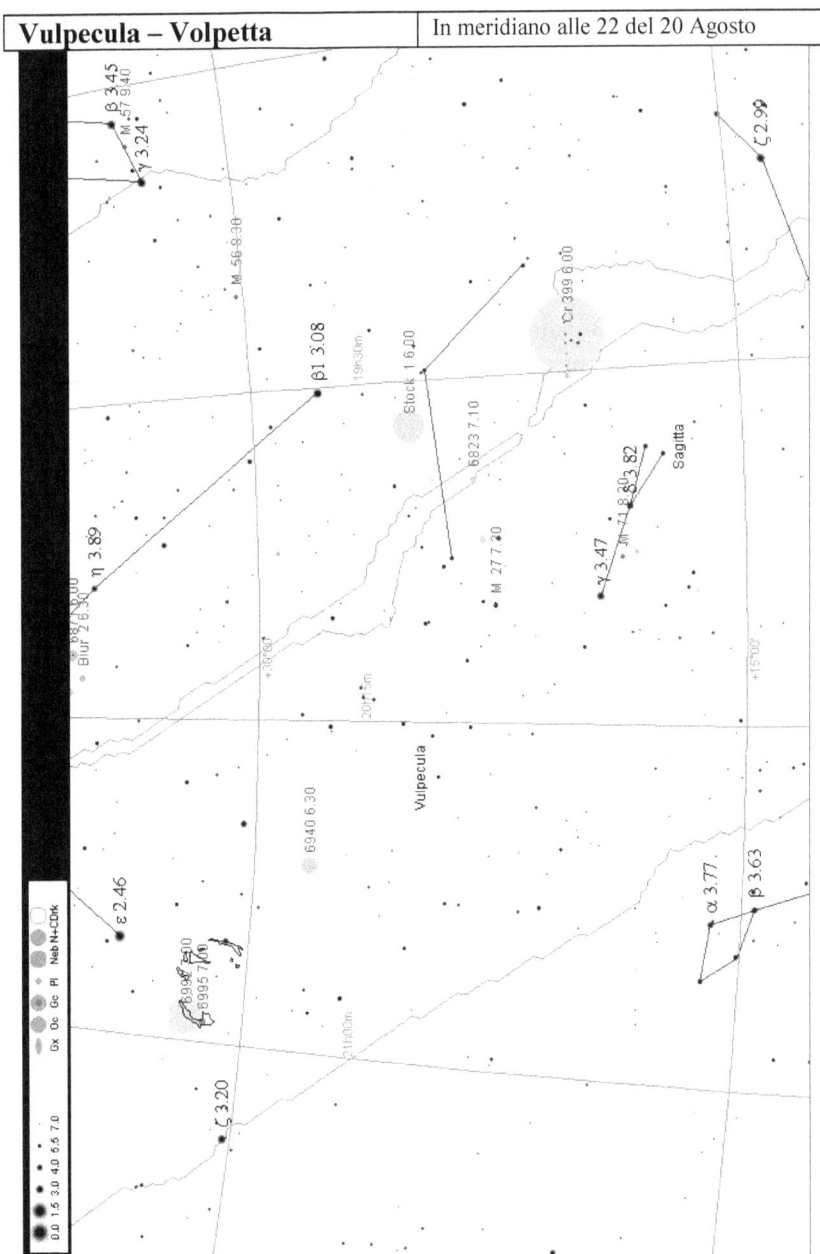

139

Descrizione

Costellazione letteralmente creata dall'astronomo *Johannes Hevelius*, nel XVII secolo; non ha particolari significati, ne leggende alla figura rappresentata.

La Volpetta è una piccola costellazione incastonata nella Via Lattea estiva, tra il Cigno e l'Aquila. Composta da stelle piuttosto deboli da identificare nella brillante regione in cui è situata, contiene un solo oggetto davvero interessante: **M27**, stupenda nebulosa planetaria formatasi dalla lenta morte della stella centrale, ora visibile come una nana bianca. Questo è il destino che spetta anche al nostro Sole, ma solamente tra 4,5 miliardi di anni. L'involucro gassoso, composto principalmente da idrogeno, si espande nello spazio ad una velocità di 27 km/s, ma neanche un'intera vita sarebbe sufficiente a mostrarne variazioni di dimensioni, vista la distanza di oltre 1000 anni luce.

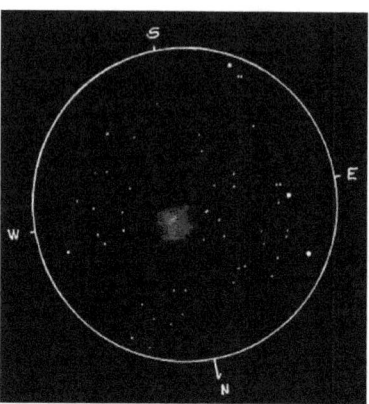

La nebulosa planetaria M27 vista attraverso uno strumento da 200 mm e 100 ingrandimenti.

Soprannominata Dumbbell in inglese, la traduzione italiana "batacchio di campana" non rende certo giustizia a questo oggetto, facile da identificare anche con un binocolo. Qualsiasi telescopio mostrerà la nebulosa abbastanza definita, ma priva di particolari rilevanti. Uno strumento da 150 mm mostrerà delle asimmetrie nella distribuzione della luminosità al suo interno. Uno strumento da 250 mm regala una visione stupenda, simile a quella delle fotografie, sebbene senza colori. E' uno di quei soggetti che si mostra ancora più bello se si utilizza un filtro nebulare, o meglio uno centrato sulla riga verde dell'ossigeno ionizzato due volte (OIII).

A mio parere uno degli oggetti nebulari più belli ed affascinanti da osservare per un principiante (dopo la grande nebulosa di Orione, ovviamente!).

Bibliografia

Testi dell'autore:

- **Primo incontro con il cielo stellato**, versione base (liberamente scaricabile dal web) ed estesa (contenente anche questo atlante celeste). *Lulu*
- **Galassie:** proprietà, formazione ed evoluzione dei mattoni dell'Universo. *Lulu*
- **L'Universo in 25 centimetri:** tutto quello che è possibile fare con una camera planetaria ed un telescopio amatoriale. *Springer*
- **Elettrostatica:** Proprietà e grandezze associate ai campi elettrostatici

Link e risorse web:

- http://danielegasparri.blogspot.com : blog di divulgazione scientifica dell'autore aggiornato quotidianamente
- http://www.danielegasparri.com: sito web dell'autore con preziosi consigli sull'osservazione del cielo ed una ricca gallery di foto astronomiche
- http://www.lezionidiastronomia.it: sito web dell'autore contenenti oltre 50 articoli di astronomia liberamente scaricabili, oltre alla versione base del libro: "Primo incontro con il cielo stellato".
- http://forum.astrofili.org: grande forum di astronomia amatoriale dove incontrare molti appassionati della materia
- http://trekportal.it/celestis: la più grande community virtuale di appassionati del cielo, a cura della redazione della rivista Coelum (http://www.coelum.com)

Biografia

Daniele Gasparri
è nato il 24 Agosto 1983 nella campagna Umbra tra Perugia e Terni.
La passione per l'astronomia è nata in occasione del suo decimo compleanno, quando ha ricevuto per regalo un binocolo astronomico per osservare il cielo.

Da quel momento l'astronomia ha rappresentato gran parte della sua vita e condizionato tutte le scelte più importanti.
Attualmente sta terminando gli studi all'università di Bologna e collabora dal 2007 con la rivista di astronomia Coelum. Al suo attivo ha oltre 50 articoli divulgativi pubblicati sulla rivista.
All'attivo ha pubblicazioni su riviste internazionali divulgative, accademiche (Sky and Telescope, Astronomy and astrophysics) e quattro libri.
E' stato il primo al mondo a scoprire un pianeta extrasolare con strumentazione amatoriale e a separare insieme all'astrofilo Antonello Medugno la coppia Plutone-Caronte.
Dal 2007 si occupa principalmente del pianeta Venere, avendo sviluppato tecniche di ripresa che consentono di ottenere immagini della spessa coltre di nubi e della superficie con una risoluzione migliore di quella ottenuta con i potenti telescopi professionali fino a quel momento.
La passione per la divulgazione lo porta spesso a tenere corsi di astronomia e serate divulgative aperte al pubblico.
E' presidente dell'associazione astrofili Paolo Maffei di Perugia.

Foglio di osservazione per gli oggetti deep-sky

Oggetto

Nome oggetto: _____
Tipologia: _____
Costellazione: _____
Dimensioni: _____
Magnitudine: _____
Catalogo: _____

Strumentazione

Telescopio: _____
Oculari usati.: _____
Campo di vista: _____

Ingrandimento: _____
Altro: _____

Osservatore

Nome: _____
Data: _____
Posizione: _____
Magnitudine limite: _____
Inizio e fine osserv.: _____
Altro: _____

Proprietà ambientali

Condizioni meteo: _____
Trasparenza aria: _____
Stato della Luna: _____
Qualità cielo (mag. Limite ad occhio nudo allo zenit o nella zona in cui si trova l'oggetto): _____

- **Prime impressioni sull'oggetto; è stato facile rintracciarlo?**

_____
_____

- **Impressioni generali sugli oggetti nel campo** (stelle nelle vicinanze, altri oggetti, qualcosa di strano o curioso...)

_____
_____

- **Descrizione dell'oggetto:** (Forma, dimensioni, contrasto, profile di luminosità, eventuali colori e proprietà fisiche)

_____
_____
_____
_____

Note: (tempo per il quale si è osservato, comfort di osservazione, eventuali problemi osservativi)

Ammassi aperti (b) Quante stelle ci sono? (c) Differenze di magnitudini tra le componenti? (d) Concentrazione stellare (d) Caratteristiche insolite? (vuoti di stelle, catene di stelle...) (e) Nebulosità diffusa o parti non risolte? (f) Concentrazione di stelle brillanti al centro? (g) Quanche stella doppia stretta risolta? (h) Colori delle stelle?	**Ammassi globulari** (a) Risolto, non risolto, parzialmente risolto? (b) Quante stelle ci sono al centro? (c) Stima delle dimensioni del nucleo, rispetto all'alone (d) caratteristiche insolite? (vuoti di stelle, catene di stelle...)	**Galassie** (a) Forma e luminosità del nucleo (aspetto stellare, diffuse..) (b) Vi sono stelle all'interno della galassia? (c) Disomogeneità e caratteristiche dell'alone
Nebulose planetarie (a) E' ben visibile il disco?? (b) I bordi sono definiti? (c) Vi sono tenui colori? (d) Visibilità la stella centrale?	**Nebulose emissione/riflessione** (a) Sfumature e tenui trame? (b) Linee scure o alter strutture particolari?	**Nebulose oscure** (a) Contrasto rispetto allo sfondo luminoso? (b) Bordi definiti? (c) Strutture particolari?

Foglio di disegno

Nome dell'oggetto:		Direzioni (N, E, S, W)

Report per osservazioni veloci

Nome:

Oggetto e posizione: Data: Ora:
Luogo di osservazione: Strumento:
D. tel.:   Focale: Oculare/ingrandimento:
Cielo: Seeing: Trasparenza:
Note:

Oggetto e posizione: Data: Ora:
Luogo di osservazione: Strumento:
D. tel.:   Focale: Oculare/ingrandimento:
Cielo: Seeing: Trasparenza:
Note:

Oggetto e posizione: Data: Ora:
Luogo di osservazione: Strumento:
D. tel.:   Focale: Oculare/ingrandimento:
Cielo: Seeing: Trasparenza:
Note:

Oggetto e posizione: Data: Ora:
Luogo di osservazione: Strumento:
D. tel.:   Focale: Oculare/ingrandimento:
Cielo: Seeing: Trasparenza:
Note:

Oggetto e posizione: Data: Ora:
Luogo di osservazione: Strumento:
D. tel.:   Focale: Oculare/ingrandimento:
Cielo: Seeing: Trasparenza:
Note:

www.ingramcontent.com/pod-product-compliance
Lightning Source LLC
Chambersburg PA
CBHW060854170526
45158CB00001B/344